青少年环境保护手册

QINGSHAONIAN

HUANJING BAOHU SHOUCE

中华环保联合会 编

中国环境出版社·北京

图书在版编目（CIP）数据

青少年环境保护手册 / 中华环保联合会编 . -- 北京：中国环境出版社，2014.11（2015.10 重印）
ISBN 978-7-5111-2114-1

Ⅰ．①青… Ⅱ．①中… Ⅲ．①环境保护－青少年读物 Ⅳ．① X-49

中国版本图书馆 CIP 数据核字（2014）第 248933 号

出 版 人　王新程
责任编辑　黄　颖
责任校对　尹　芳
装帧设计　彭　杉

出版发行　**中国环境出版社**
　　　　　（100062　北京市东城区广渠门内大街 16 号）
　　　　　网　　址：http://www.cesp.com.cn
　　　　　电子邮箱：bjgl@cesp.com.cn
　　　　　联系电话：010-67112765（编辑管理部）
　　　　　　　　　　010-67175507（科技标准图书出版中心）
　　　　　发行热线：010-67125803，010-67113405（传真）
印　　刷　北京中科印刷有限公司
经　　销　各地新华书店
版　　次　2014 年 11 月第一版
印　　次　2015 年 10 月第二次印刷
开　　本　880×1230　1/32
印　　张　5
字　　数　100 千字
定　　价　28.50 元

编委会

总 顾 问：顾秀莲

顾　　问：曲久辉　顾秉林　郝吉明

主　　编：谢玉红

副 主 编：甄国强　吕克勤　谷茂宽

执行主编：王雨竹

编　　著：王雨竹　陈建国　卫向东

中国梦，少年志

　　清朝末年，政治腐败、经济凋敝、列强入侵、民不聊生：梁启超先生说："故今日之责任，不在他人，而全在我少年。少年智则国智，少年富则国富，少年强则国强，少年进步则国进步"。一时振奋了当时逐渐觉醒的国人的民族精神。

　　在我们生活的时代，人类凭借科学技术创造了丰富的物质财富来满足日益增长的精神需求，生活的现代化使我们与自然的距离越来越远，人类与自然和谐共生的矛盾越来越强烈，无序的生产造成的巨大的资源能源消耗、浪费，已经超出自然的承载力，环境污染、气候变化、生物多样性锐减，已经威胁人类生存与可持续发展。当今世界的人都应认清如今的形势，才能为未来的发展赢得更多的时间和空间。

　　青少年是祖国和民族的希望。作为新时代的青少年，我们肩负重大的历史使命，为了将来能胜任，一定

要认真学习科学文化知识，做有理想、有文化、有道德的接班人。

少年志则中国志。如果青少年缺乏一种精神力量，一种对国家和民族赋有使命感的精神动力，在科技飞速发展的今天，停滞不前就是倒退，坐享其成难以维系。这种精神力量就是少年的"志"，以中华民族伟大复兴为使命的"志"，以人民幸福为奋斗目标的"志"，树立坚定的理想信念，奋发有为。

少年强则中国强。十年之后、三十年之后，青少年长大成人，必将成为我国社会、经济、文化等领域建设的中坚力量，反映中国发展的精神面貌和实际水平。

少年美则中国美。呼吸清新的空气、喝干净的水、吃安全的食品，是公民的基本权利。当前，这些都受到不同程度的污染，环境形势十分严峻。党中央、国务院高度重视环境保护和生态文明建设，党的十八届三中全会站在中国特色社会主义事业"五位一体"总体布局的战略高度，对推进生态文明建设作了全面安排和部署。坚持节约资源和保护环境的基本国策，把生态文明、建设美丽中国作为中国梦的重要组成部分。而要实现生态文明、建设美丽中国，不仅需要现在的建设者按照生态文明的理念进行，更需要未来的建设者，遵循自然规律、坚持科学发展。今天的少年美，明天的中国才会更美。

中国梦是要全面建成小康社会、不断夺取中国特色社会主义新胜利，实现中华民族伟大复兴；中国梦就是要实现国家富强、民族振兴、人民幸福。中国梦是民族的梦，是中国人民的梦，也是每个中国人的梦。

国家、民族和个人是一个共同的命运体，青少年是这个命运体的未来和希望。中国梦是中华民族不断追求的梦想，关乎中国未来的发展方向，也凝聚了各族人民对中华民族伟大复兴的憧憬和期待。梦想源于现实、高于现实，实现中国梦，青少年任重而道远。

顾秀莲
二〇一四年九月二十八日

目　录

第一章

环境与环境污染

一、环境：人类生存之本

地球作为目前唯一发现有生命存在的星球，孕育了人类和其他生物。然而，随着人口增长、粮食生产、工业生产，造成了环境污染和资源消耗，使我们生存的地球的承载力达到了极限。我们要从环境、人口、资源等多个方面和层面认识和研究现在存在的问题，改变我们的思想观念和生活方式，保护我们的生存环境。

环境的概念是什么？

《中华人民共和国环境保护法》这样解释，环境是指影响人类生存和发展的各种天然的和经过人工改造的自然因素的总体，包括大气、水、海洋、土地、矿藏、森林、草原、湿地、野生生物、自然遗迹、人文遗迹、自然保护区、风景名胜区、城市和乡村等。根据这个概念，环境又可分为自然环境和人工环境。自然环境主要有大气环境、水环境、海洋环境、土壤环境等；人工环境主要有居住环境、生产环境、交通环境、风景名胜区、城市环境和农村环境等。

环境是一种权利。《中华人民共和国宪法》规定："中华人民共和国的一切权力属于人民"；"矿藏、水流、森林、山岭、草原、荒地、滩涂等自然资源，都属于国家所有，即全民所有；由法律规定属于集体所有的森林和山岭、草原、荒地、滩涂除外。国家保障自然资源的合理利用，保护珍贵的动物和植物。禁止任何组织或者个人用任何手段侵占或者破坏自然资源"；"社会主义的公共财产神圣不可侵犯。"《中华人民共和国环境保护法》规定，"一切单位和个人都有保护环境的义务"。

环境是人类生存和发展的基础。随着科学的发展、时代的进步、人口的迅猛增长，人类赖以生存和发展的环境受到严重的污染，生态环境、生态系统遭到严重的破坏，严重影响人们的生产和生活。同时，随着污染程度的加剧，环境问题已从地域性走向全球性，为保护和改善环境，防治污染和其他公害，保障公众健康，推进生态文明建设，促进经济社会可持续发展，我们必须保护环境。

环境是人类生存之本，保护环境人人有责。人类社会发展到今天，人口数量不断增长、人们对生活需求越来越多、越来越高。为了满足这些不断增长的需要，我们必须生产更多的粮食或产品，这必将消耗更多的资源，也将给环境带来沉重的负担。这种负担随着环境承载力减弱而必将出现潜在的环境灾害。也就是当环境修复周期超过了生产周期时，环境污染将演变成灾难。环境是人类生存的家园，没有一个人能脱离环境而存在。

保护环境是我国的基本国策。国家采取有利于节约和循环利用资源、保护和改善环境、促进人与自然和谐的经济、技术政策和措施，使经济社会发展与环境保护相协调。环境保护坚持保护优先、预防为主、综合治理、公众参与、损害担责的原则。《中华人民共和国环境保护法》规定："企业事业单位和其他生产经营者应当防止、减少环境污染和生态破坏，对所造成的损害依法承担责任"；"公民应当增强环境保护意识，采取低碳、节俭的生活方式，自觉履行环境保护义务"。

什么是环境污染?

我们能看见的厨房油烟、汽车尾气、生活垃圾、工厂排出烟灰、废水等，还有我们正在经历的雾霾天气，以及听到的噪声，这些都是环境污染。环境污染指自然地或人为地向环境中添加某种物质而超过环境的自净能力而产生危害，也就是环境受到有害物质的污染，使生物的生长繁殖和人类的正常生活受到有害影响。

环境污染会给生态系统造成直接的破坏和影响，如沙漠化、森林破坏、减少，也会给生态系统和人类社会造成间接的危害，有时这种间接的环境效应的危害比当时造成的直接危害更大，也更难消除。如温室效应、雾霾、酸雨和臭氧层破坏就是由大气污染衍生出的环境效应。这些主要都是由于工业高度发达的负面影响和人类生产、生活对环境的破坏和污染。

环境污染根据环境要素、污染性质等有如下几种分类：

按环境要素分：大气污染、水体污染、土壤污染。

　　按人类活动分：工业环境污染、城市环境污染、农业环境污染。

　　按造成环境污染的性质、来源分：化学污染、生物污染、物理污染（噪声、放射性、电磁波）、固体废物污染、能源污染。

　　人需要呼吸空气、喝干净的水、吃安全的食物以维持生命。没有这些作为基本的保障，人的健康将受到威胁。

　　保护环境，需要行动，更需要环境意识！环境意识决定未来我们是否能可持续发展。人的意识决定人，政府的意识决定国家命运、民族的命运。任何时候我们都要以珍惜和节约自然资源、保护环境的原则去思考、去实践、去努力，共同应对环境危机，共创人与自然、环境与经济、人与社会和谐共生的文明家园。

二、几个基本概念

二氧化硫（SO_2）

二氧化硫是最常见的硫氧化物。无色气体，有强烈刺激性气味、有毒。大气主要污染物之一。

化学需氧量（COD）

化学需氧量是一个重要的而且能较快测定水体有机物污染的参数，常以符号"COD"表示，是以化学方法测量水样中需要被氧化的还原性物质的量。以氧化 1 升水样中还原性物质所消耗的氧化剂的量为指标，折算成每升水样全部被氧化后，需要的氧的毫克数，以毫克 / 升表示。它反映了水中受还原性物质污染的程度。该指标也作为有机物相对含量的综合指标之一。

$PM_{2.5}$

$PM_{2.5}$，细颗粒物，又称细粒、细颗粒，是指环境空气中空气动力学当量直径小于或等于 2.5 微米的颗粒物。它能较长时间悬浮于空气中，其在空气中含量浓度越高，就代表空气污染

越严重。虽然 PM$_{2.5}$ 只是地球大气成分中含量很少的组分，但它对空气质量和能见度等有重要和直接的影响。与较粗的大气颗粒物相比，PM$_{2.5}$ 粒径小，面积大，活性强，易附带有毒、有害物质（例如，重金属、微生物等），且在大气中的停留时间长、输送距离远，因而对人体健康和大气环境质量的影响更大。

雾霾

　　雾霾是雾和霾的组合词，是特定气候条件与人类活动相互作用的结果。高密度人口的经济及社会活动必然会排放大量细颗粒物，一旦排放超过大气循环能力和承载度，细颗粒物浓度将持续积聚。此时，如果受静稳型天气、不利于空气流动扩散条件等影响，极易出现大范围的雾霾。

脱硫

脱硫主要是除去烟气中的硫及硫化合物的过程，主要指烟气中的 SO、SO_2，以达到环境安全要求。

脱硝

脱硝主要是燃烧烟气中去除氮氧化物的过程。为防止锅炉内煤燃烧后产生过多的 NO_x 污染环境，应对煤进行脱硝处理。分为燃烧前脱硝、燃烧过程脱硝、燃烧后脱硝。

页岩气

页岩气是从页岩层中开采出来的一种非常重要的非常规天然气资源，经济价值巨大。我国页岩气资源量非常大，为 15 万亿 ~ 30 万亿立方米，将成为我国替代能源的有力补充。

页岩气的形成和富集有着自身独特的特点，往往分布在盆地内厚度较大、分布广的页岩烃源岩地层中。具有开采寿命长和生产周期长的优点。页岩既是天然气生成的源岩，也是聚集和保存天然气的储层和盖层。

持久性有机污染物（POPs）

持久性有机污染物是指通过各种环境介质（大气、水、生物体等）能够长距离迁移并长期存在于环境，具有长期残留性、生物蓄积性、半挥发性和高毒性，能持久存在于环境中，通过生物食物链（网）累积，对人类健康和环境具有严重危害的天然或人工合成的有机污染物质。它具有四种特性：高毒、持久、生物积累性、亲脂憎水性。而位于生物链顶端的人类，则把这些毒性放大到了 7 万倍。研究表明，持久性有机污染物对人类的影响会持续几代，对人类生存繁衍和可持续发展构成重大威胁。

富营养化

富营养化指的是一种氮、磷等植物营养物质含量过多所引起的水污染现象。当过量营养物质进入湖泊、水库、海湾等缓流水体后，水生生物特别是藻类将大量繁殖，使水中溶解氧含量急剧变化，以致影响到鱼类等的生存。在自然条件下，湖泊会从贫营养湖过渡为富营养湖，进而演变为沼泽和陆地，不过这是一种极为缓慢的过程。

湿地

湿地指天然或人工形成的沼泽地等带有静止或流动水体的成片浅水区，还包括在低潮时水深不超过 6 米的水域。湿地与森林、海洋是最重要的三大生态系统。湿地是珍贵的自然资源，也是重要的生态系统，具有不可替代的综合功能。湿地是地球上有着多功能的、富有生物多样性的生态系统，是人类最重要的生存环境之一。

环境基准

环境质量基准简称环境基准，指环境中污染物对特定保护对象（人或其他生物）不产生不良或有害影响的最大剂量或浓度，是一个基于不同保护对象的多目标函数或一个范围值。环境基准主要是通过科学实验和科学判断得出，它强调"以人（生物）为本"及自然和谐的理念，是科学理论上人与自然"希望维持的标准"。因此，环境基准是环境保护工作的"自然控制标准"，也是国家进行环境质量评价、制定环境保护目标与方向的科学依据。

三、强化污染防治，打好环保三大战役

党中央、国务院高度重视大气、水、土壤污染防治工作。新一届政府成立伊始，就将其作为改善民生的重要着力点，作为生态文明建设的具体行动，作为统筹稳增长、调结构、促改革，打造中国经济升级版的重要抓手做了全面部署。为了切实改善空气、水和土壤质量，我们必须坚决对环境污染宣战。

向污染宣战，就要打好大气污染防治、水污染防治、土

壤污染防治三大战役。坚持源头严防、过程严管、后果严惩，用强硬的措施政策和法律强化污染防治，贯彻落实大气污染防治行动计划，积极实施清洁水行动计划和土壤污染防治行动计划，着力解决损害人民群众健康的突出环境问题，逐步改善环境质量。

目前，从总体上看，我国的生态环境恶化的趋势初步得到遏制，部分地区有所改善，但环境形势依然相当严峻，不容乐观。环境保护事关人民群众根本利益，事关经济持续健康发展，事关全面建成小康社会，事关实现中华民族伟大复兴中国梦。向污染宣战是破解我国生态环境难题的必然选择，是推进生态文明建设的迫切需要。根据我国当前环境形势，深化大气污染防治，强化水污染防治，抓好土壤污染治理，加大重金属、化

学品和危险废物污染防治力度，深化工业污染防治。而要落实
向污染宣战的重大举措，就必须以打好大气、水、土壤污染防
治三大战役为抓手，通过采取科学、有效、有力的举措，逐步
改善环境质量，让人民群众看到政府的决心，看到解决环境问
题的希望。

大气污染防治

2013 年 1 月，京津冀及周边地区等国内多地连续出现大
范围雾霾天气，严重影响人民群众身体健康和正常生活。而且，
这样的天气环境时有发生，大气空气质量随即成为近年来人民
群众最为关心的问题之一。当污染严重时，邻国也会表示关注
和抗议。

大气环境保护事关人民群众根本利益，事关经济持续健康
发展，事关全面建成小康社会，事关实现中华民族伟大复兴中
国梦。当前，我国大气污染形势严峻，以可吸入颗粒物（PM_{10}）、
细颗粒物（$PM_{2.5}$）为特征污染物的区域性、复合型大气环境污
染问题日益突出，损害人民群众身体健康，影响社会和谐稳定。
随着中国工业化、城镇化的深入推进，能源资源消耗持续增加，
大气污染防治压力继续加大。同时，这些污染问题是长期积累
形成的。治理好大气污染是一项复杂的系统工程，需要付出长
期艰苦不懈的努力。

2013 年 9 月 12 日，国务院发布了《大气污染防治行动
计划》。《大气污染防治行动计划》就是在深入研究、反复
论证的基础上发布实施，该计划的发布体现了党中央科学严
谨、实事求是，对人民群众高度负责的态度和坚持以人为本、

着力改善环境、保障公众健康权益的坚定决心。这个行动计划涉及燃煤、工业、机动车、重污染预警等十条措施，还设定了具体的治理指标，即到 2017 年全国地级及以上城市可吸入颗粒物浓度比 2012 年下降 10% 以上，优良天数逐年提高，京津冀、长三角、珠三角等区域细颗粒物浓度分别下降 25%、20% 和 15% 左右，其中北京市细颗粒物年均浓度控制在 60 微克 / 米 ^{3} 左右。

水污染防治

水是生命之源。良好洁净的水是人民群众身体健康的保障条件，是经济社会持续发展的重要基础，是全面建成小康社会和建设美丽中国的根本要求。随着城镇化、工业发展以及人口数量的不断膨胀，我国面临十分严峻的水污染局势，当前，我国水污染防治取得一定进展，但是一些水体丧失环境功能，部分地区群众饮水安全受到威胁，水环境问题仍然十分突出，压力持续加大。

我国水环境形势非常严峻，一是水污染物的排放总量仍然巨大；二是地下水包括地下水的污染问题仍然没有得到有效的控制；三是一些河流，特别是在农村，或者与老百姓生活密切的河沟、河岔的污染问题仍然十分严重；四是在水环境的管理上还有很多不足。

水污染防治坚持预防为主、防治结合、综合治理的原则，优先保护饮用水水源，严格控制工业污染、城镇生活污染，防治农业面源污染，积极推进生态治理工程建设，预防、控制和减少水环境污染和生态破坏。

即将出台的《水污染防治行动计划》主要思路是"抓两头、带中间"。一头是抓好饮用水水源地等水质比较好的水体水质保障工作，保证水质不下降、不退化。另一头就是要针对已经严重污染的劣五类水体，尤其是影响群众多、公众关注度高的黑臭水

体，要下决心来治理好，大幅减少甚至消灭。通过这两头来带动中间一般水体的水污染防治工作。

土壤污染防治

我国是全球土壤污染最严重的国家之一。据不完全调查，中国受污染的耕地就约有 1.5 亿亩，占 18 亿亩耕地的 8.3%。土壤是人类生存、兴国安邦的战略资源。随着工业化、城市化、农业集约化的快速发展，大量未经处理的废弃物向土壤系统转移，并在自然因素的作用下汇集、残留于土壤环境中，对我国

生态环境质量、食品安全和社会经济持续发展构成严重威胁。

土壤污染物质的种类主要有重金属、硝酸盐、农药及持久性有机污染物、放射性核素、病原菌、病毒及异型生物质等。我国土壤污染退化已表现出多源、复合、量大、面广、持久、毒害的现代环境污染特征，正从常量污染物转向微量持久性毒害污染物，尤其在经济快速发展地区。我国土壤污染退化的总体现状已从局部蔓延到区域，从城市城郊延伸到乡村，从单一污染扩展到复合污染，从有毒有害污染发展至有毒有害污染与N、P营养污染的交叉，形成点源与面源污染共存，生活污染、农业污染和工业污染叠加，各种新旧污染与二次污染相互复合或混合的态势。土壤污染防治势在必行。

土壤污染防治以保障农产品安全和人居环境健康为出发点，以保护和改善土壤环境质量为核心，以改革创新为动力，以法制建设为基础，坚持源头严控，实行分级分类管理，强化科技支撑，发挥市场作用，引导公众参与。到2020年，农用地土壤环境得到有效保护，土壤污染恶化趋势得到遏制，部分地区土壤环境质量得到改善，全国土壤环境状况稳中向好。《土壤污染防治行动计划》提出了依法推进土壤环境保护、坚决切断各类土壤污染源、实施农用地分级管理和建设用地分类管控以及土壤修复工程、以土壤环境质量优化空间布局和产业结构、提升科技支撑能力和产业化水平、建立健全管理体制机制、发挥市场机制作用等主要任务，明确了保障措施。

第二章

环境热点问题

一、几个基本概念

绿色发展、循环发展、低碳发展是我国的一项重大战略决策，是落实党的十八大推进生态文明建设战略部署的重大举措，是加快转变经济发展方式，建设资源节约型、环境友好型社会，实现可持续发展的必然选择。推进绿色发展、循环发展、低碳发展有利于优化能源结构、有利于保护环境、有利于促进产业结构转型升级、有利于培育可持续竞争力。

绿色发展：从内涵看，绿色发展是在传统发展基础上的一种模式创新，是建立在生态环境容量和资源承载力的约束条件下，将环境保护作为实现可持续发展重要支柱的一种新型发展模式。核心就是经济增长不是建立在污染物排放的基础上，经济增长的同时约束了污染物排放。具体来说包括以下几个要点：

一是要将环境资源作为社会经济发展的内在要素；二是要把实现经济、社会和环境的可持续发展作为绿色发展的目标；三是要把经济活动过程和结果的"绿色化"、"生态化"作为绿色发展的主要内容和途径。

循环发展： 是人、自然资源和科学技术的大系统内，在资源投入、企业生产、产品消费及其废弃的全过程中，把传统的依赖资源消耗的线形增长的形式，转变为依靠生态型资源重复、反复利用的发展的形式。

这种形式也称循环经济。循环经济的核心内涵是资源循环利用，是把清洁生产和废弃物的综合利用融为一体的经济，本质上是一种生态经济，它要求运用生态学规律来指导人类社会的经济活动。

传统工业经济的生产观念是最大限度地开发利用自然资源，最大限度地创造社会财富，最大限度地获取利润。而循环经济的生产观念是要充分考虑自然生态系统的承载能力，尽可能地节约自然资源，不断提高自然资源的利用效率，循环使用资源，创造良性的社会财富。

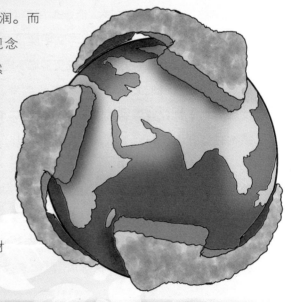

发展循环经济的主要途径，从资源流动的组织层面来看，主要是从企业小循环、区域中循环和社会大循环三个层面来展开；从资源利用的技术层面来看，主要是从资源的高效利用、循环利用和废弃物的无害化处理三条技术路径去实现。

要求按照减量化、再利用、资源化，减量化优先的原则，推进生产、流通、消费各环节循环经济发展。

低碳发展：是一种以低耗能、低污染、低排放为特征的可持续发展模式，对经济和社会的可持续发展具有重要意义。

发展低碳经济有利于"资源节约型，环境友好型"的两型社会建设，达到人与自然和谐相处。低碳发展是"低碳"与"发展"的有机结合，一方面要降低二氧化碳排放，另一方面要实现经济社会发展。低碳发展并非一味地降低二氧化碳排放，而

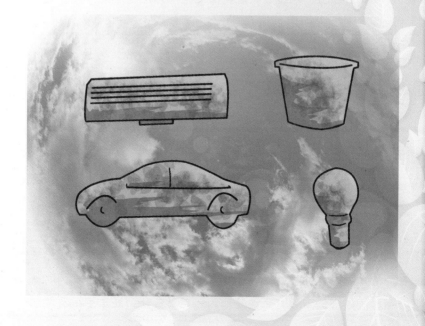

是要通过新的经济发展模式，在减碳的同时提高效益和竞争力，促进经济社会发展。

节能减排：是节约能源、降低能源消耗、减少污染物排放。节能减排包括节能和减排两大技术领域，二者既有联系，又有区别。一般地讲，节能必定减排，而减排却未必节能，所以减排项目必须加强节能技术的应用，以避免因片面追求减排结果而造成的能耗激增，注重社会效益和环境效益均衡。

《中华人民共和国节约能源法》所称节约能源（简称"节能"），是指加强用能管理，采取技术上可行、经济上合理以及环境和社会可以承受的措施，从能源生产到消费的各个环节，降低消耗、减少损失和污染物排放、制止浪费，有效、合理地利用能源。我国快速增长的能源消耗和过高的石油对外依存度促使政府提出：单位 GDP 能耗降低指标、主要污染物排放减少指标。这两个指标结合在一起，就是我们所说的"节能减排"。

二、气候变化：不只是热了的问题

包括联合国政府间气候专门委员会（IPCC）在内的很多权威机构报告，全球气温正在逐步升高，而近 50 年气候变化的主要原因是人类活动造成大气中温室气体浓度升高导致的。

气候变化是指相对于长时期内气候状态的变化，是统计学意义上气候平均状态的改变或者持续较长一段时间的气候变动。气候变化不但包括平均值的变化，也包括变率的变化。气候变化一词在政府间气候变化专门委员会的使用中，是指气候随时间的任何变化，无论其原因是自然变化，还是宇宙及地球

自身变化，主要还是人类活动的结果。其原理是：太阳辐射主要是短波辐射，地面辐射和大气辐射则为长波辐射。大气对长波辐射的吸收力较强，对短波辐射的吸收力比较弱。白天，太阳光照射到地球时，部分能量被大气吸收，部分能量被反射回宇宙，大约 47% 的能量被地球表面吸收。夜晚，地球表面以红外线的方式向宇宙散发白天吸收的能量，大部分被大气吸收。大气层就如同覆盖着玻璃的温室一样，可以保存一定的热量，使地球不至于像月球一样，被太阳照射时温度急剧升高，不见日光时温度急剧下降。导致温室效应的一大主因就是温室气体排放。地球表面温室内气体的增加，加强了温室效应，而二氧化碳是数量最多的温室气体。

　　北半球，极地冰川正在慢慢消融；南半球太平洋岛周围国家的海平面正在不断上升，吞噬着他们的家园；同时，气候变化导致的台风、干旱、洪水等自然灾害正在频繁侵害我们的生活……从极地到赤道、从赤道到海洋、从海洋到内陆、从城市到农村、从发达国家到发展中国家，全球气候变化给人类带来的灾害日益严重。

2004 年 12 月 26 日，里氏 9.1 ~ 9.3 级大地震引发的海啸袭击了印度尼西亚苏门答腊岛海岸，同时还波及远在索马里的海岸居民。此次地震和海啸已导致超过 29.2 万人罹难，印度尼西亚有 16.6 万人，斯里兰卡 3.5 万人丧生，在历次海啸死亡人数中排名第一。印度、印度尼西亚、斯里兰卡、缅甸、泰国、马尔代夫和东非有 200 多万人无家可归。

2011 年 3 月 11 日，日本发生 9.0 级地震，引发巨大海啸，死亡失踪近 3 万人。

喜马拉雅山冰川正在因全球变暖而急剧"消瘦"。2007 年 4 月，绿色和平考察队在喜马拉雅山拍摄了冰川消融的严峻状况，情况十分危急。冰川是地球上最大的淡水水库。资料表明，全球冰川正在因全球变暖而以有记录以来的最大速度在世界越来越多的地区融化着，到 20 世纪 90 年代，全球冰川更呈现出加速融化的趋势，冰川融化和退缩的速度不断加快，意味着数以百万的人口将面临着洪水、干旱以及饮用水减少的威胁。

暴雪、暴雨、洪水、干旱、冰雹、雷电、飓风、台风……极端气候在近几年异常频繁地肆虐地球，这些都与全球气候变化有关。2007 年发布的政府间气候变化专门委员会（IPCC）第四次评估报告表明，"自 20 世纪 70 年代以来，干旱的发生范围更广、持续时间更长、程度更严重，特别是热带、亚热带地区。""过去 50 年里，极端高温、低温发生了大范围的变化。

昼夜低温、霜冻变得不如以前频繁，而昼夜高温、热浪则愈加常见。"极端天气事件发生的频率和强度都有所增强，给人类生命财产安全带来极大的危害。

气候变化影响到生物栖息的树林、湿地及牧场，必将造成很多物种灭绝。

过去一百多年里，人类主要依赖石油煤炭等化石燃料作为生产生活所需的能源，使用这些化石能源排放的二氧化碳等温室气体是使得温室效应增强，进而引发全球气候变化的主要原因。还有约 1/5 的温室气体是由于生态破坏使森林面积减少，以及砍伐树木减少了森林吸收二氧化碳的能力而增加的。另外，一些特别的工业过程、农业畜牧业也会有少许温室气体排放。

温室气体浓度增加引发全球变暖，导致海平面升高，对农业、林业、渔业和人类社会的其他方面产生巨大的影响。世界各地的粮食生产因干旱、缺水、海平面上升、洪水泛滥、热浪及气温剧变受到严重破坏。亚洲大部分地区及美国的谷物带地区，将会面临减产。在一些干旱农业地区，如非洲撒哈拉沙漠地区，只要全球变暖带来轻微的气温上升，粮食生产量都将会大大减少。同时，气温升高还会导致农业病虫害的发生区域扩大，危害时间延长，作物受害程度加重，从而增加农药和除草剂的施用量。

人为的温室效应控制主要取决于世界各国人民在人口增长、经济增长、技术进步、能效提高、节能、新能源的应用等方面做出的共同努力。

为了控制温室气体排放和气候变化的危害，1979 年第一次世界气候大会就呼吁保护气候；1992 年通过的《联合国气候变化框架公约》确立了发达国家与发展中国家"共同但有区别的责任"原则。阐明了其行动框架,力求把温室气体的大气浓度稳定在某一水平,从而防止人类活动对气候系统产生"负面影响";1997年通过的《京都议定书》确定了发达国家2008—2012年的量化减排指标;2007年12月达成的巴厘路线图,确定就加强《联合国气候变化框架公约》和《京都议定书》的实施分头展开谈判,并将于2009年12月在哥本哈根举行缔约方会议。2009年12月在丹麦首都哥本哈根召开世界气候大会并达成《哥本哈根协议》,维护了《联合国气候变化框架公约》及其《京都议定书》确立的"共同但有区别的责任"原则,就发达国家实行强制减排和发展中国家采取自主减缓行动做出了安排,并就全球长期目标、资金和技术支持、透明度等焦点问题达成广泛共识。

　　妥善应对气候变化，事关各国经济社会发展全局和人民根本利益。我国作为负责任的发展中大国，坚定不移地走可持续发展道路。积极实施加强对节能、提高能效、洁净煤、可再生能源、先进核能、碳捕集利用与封存等低碳和零碳技术的研发和产业化投入，加快建设以低碳为特征的工业、建筑和交通体系；倡导全民自觉参与，鼓励企业自愿采取行动；倡导健康、文明的消费观念，抑制奢侈消费；增强企业的社会责任感，自觉制定并实施减缓碳排放的目标和措施；引导企业生产方式的转变和社会民众消费方式的转变，逐渐形成全民应对气候变化的体制和机制；构建全社会一致行动，建设资源节约型和环境友好型社会。

　　气候变化是当今全球面临的重大挑战。遏制气候变暖，拯救地球家园，是全人类共同的使命，每个国家和民族，每个企业和个人，都应当责无旁贷地行动起来。

三、生物多样性，维护自然平衡

　　1992 年 6 月 3 日至 14 日，联合国环境与发展大会在巴西首都里约热内卢召开，180 多个国家派代表团出席了会议，103 位国家元首或政府首脑亲自与会并讲话。会议签署了防止地球变暖的《气候变化框架公约》和制止动植物濒危和灭绝的《生物多样性公约》两个公约，这是此次会议的主要成果。《生物多样性公约》是一项有法律约束力的公约，旨在保护濒临灭绝的植物和动物，最大限度地保护地球上的多种多样的生物资源，以造福当代和子孙后代。

为什么国际社会如此关注生物多样性？什么是生物多样性？

我们知道，我们吃的食物来自于大自然和生物，我们穿的、用的生活必需品以及大量的工业原料都来自于大自然和生物。多种多样的生物是全人类共有的宝贵财富，生物多样性也维护了自然界的生态平衡，并为人类提供了良好的生存环境条件。自然界的所有生物互相依存，互相制约。每一种物种的绝迹，都预示着很多物种即将面临灭绝，同时也威胁人类的生存。

关注生物多样性是处理关于人类未来的重大问题，《生物多样性公约》因此也成为国际法重要的里程碑。

生物资源是自然资源的一个重要组成部分，是有生命的自然资源，包括动、植物和微生物。生物资源也就是生物多样性。

生物多样性是一个描述自然界多样性程度的概念。生物多样性是指生物及其与环境形成的生态复合体以及与此相关的各种生态过程的总和。它包括数以百万计的动物、植物、微生物和它们所拥有的基因，以及它们与生存环境形成的复杂的生态系统。生物多样性包括三个层次：基因多样性、物种多样性和生态系统多样性。生物多样性是地球上生命经过几十亿年发展进化的结果。

保护生物多样性就是维护生态平衡，保护人类社会赖以生存和发展的物质基础。

首先，生物多样性为人们提供了食物、纤维、木材、药材和多种工业原料。人们的食物、生活必需品、生产原料全部来源于自然界，维持生物多样性，人类的生产、生活才会不断丰富，生活质量才会不断提高。

其次，生物多样性在保持土壤肥力、保证水质以及调节气候等方面发挥了重要作用。我国的黄河流域曾是中华民族发展的摇篮，在几千年以前，那里有着十分富饶的土地，其间树木林立，百花芬芳，各种野生动物四处出没。但由于长期的战争及人类过度地开发利用，黄河流域已变成生物多样性十分贫乏的地区。近年来由于人工植树等措施，生态环境才得到不断改善。

再次，生物多样性还在大气层成分、地球表面温度、地表沉积层氧化还原电位以及pH值等方面的调控发挥着重要作用。例如，地球大气层中现今的氧气含量约为 21%，这主要应归功于植物的光合作用。在地球早期的历史中，大气中氧气的含量要低很多。据科学家估计，如果植物停止了光合作用，大气层中的氧气将会由于氧化反应在数千年内消耗殆尽。

保护生物多样性就是保护丰富的生物基因资源，实现生物多样性组成成分的可持续利用，同时，坚持以公平、合理、可持续的方式共享遗传资源的商业利益和其他形式的利用。20 世纪以来，随着世界人口的持续增长和人类活动范围与强度的不断增加，生物生存空间不断减少，生物基因资源不断减少，生物基因可提供的人类生存发展的物质基础不断削弱，人类社会遭遇到一系列前所未有的发展问题，人口、资源、环境、粮食和能源五大危机考验着各国政府和世界各国人民。这些问题的解决都与生态环境的保护以及自然资源的合理利用密切相关。

物种的丰富度是生物多样性的一个重要标志。我国物种丰富，特有属、种繁多，是全球 12 个"巨大多样性国家"之一，拥有森林、灌丛、草甸、草原、荒漠、湿地等地球陆地生态系统，以及黄海、东海、南海、黑潮流域海洋生态系统等，有高等植物 30 000 种，占世界的 10%，仅次于世界高等植物最丰富的巴西和哥伦比亚，占世界第三位；我国生物多样性还有它的独特性，例如，我国独有活化石之称的大熊猫、白鱀豚、水杉、银杏、银杉和攀枝花苏铁等。

在过去的 4 个世纪，由于人类对自然环境的破坏，700 多种生物已经绝迹。我们知道，自然资源不是无穷无尽的。有了这个警钟，我们对自然的索取才能理性和有所节制。

影响生物多样性最重要的原因是生态系统在自然或人为干扰下偏离自然状态，破坏生物生存环境。如地震、洪涝、干旱、火山、气候变化威胁着生物多样性；战争、贫困、疾病、环境污染也威胁着生物多样性，前者虽不可抵挡，但可以根据其规律对区域内的生物进行保护。后者可以人为地进行控制，反对战争、维护和平。加强卫生管理、疾病控制和保护环境，是对生物多样性的最直接、最有效的保护。森林、草原、湿地、海洋、河流、土壤以及大气环境是大多数生物生存的主要环境。

为什么生物多样性会减少？除了一些自然因素外，更多的是出于商业和食用。如，人类为了满足饮食需要，大量捕杀珍稀动物，造成很多动物、植物濒临灭绝。没有消费就没有杀戮。我们现在能做的——最为重要的事情就是告诉我们的父母，不要吃野生动物，不要以濒临灭绝的珍稀动物为食，不要消费动物皮毛制成的服装、鞋帽、箱包。

四、新能源，应对能源危机

青少年朋友们，如果停电了，我们的生活会发生什么变化？电脑、网络不能用、电视不能看、电灯不能用、电热水器、空调、冰箱，甚至电话也不能用。如果长期停电，一切与电有关的电器，都跟废物差不多。电能就是我们生活中看得见的能源中的一种。

能源是人类活动的物质基础。能源是国民经济的重要物质基础，能源问题是影响我国经济社会发展的全局性、战略性问题，国家发展水平取决于对能源的掌控。能源的开发和有效利用程度以及人均消费量是生产技术和生活水平的重要标志。能源亦称能量资源或能源资源，是指可产生各种能量（如热量、电能、光能和机械能等）或可做功的物质的统称；是指能够直接取得或者通过加工、转换而取得有用能的各种资源，包括煤炭、原油、天然气、煤层气、水能、核能、风能、太阳能、地热能、生物质能等一次能源和电力、热力、成品油等二次能源，以及其他新能源和可再生能源。

　　能源按成因可分为一次能源和二次能源，按形成和再生性又分为可再生能源和不可再生能源，按开发技术程度还分为常规能源和新能源。

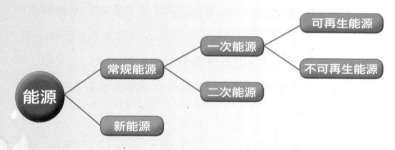

　　一次能源又称天然能源，指在自然界现成存在，通过一定技术就可以直接获取，不需要经过任何改变或转换的能源，如煤炭、石油、天然气、水能、风能、太阳能、核燃料、地热能、海洋能、潮汐能、植物燃料等。

　　二次能源由一次能源经过人类加工转换而成的人工能源，如电力、煤气、蒸汽以及各种石油制品等。电能就是应用最广的能源，而汽油和柴油是目前应用最广的能源。

　　一次能源又分为可再生能源和不可再生能源。可再生能源是来自大自然的能源，如太阳能、风力、潮汐能、地热能等。这些能源取之不尽、用之不竭，自动再生，是相对于会枯竭的不可再生能源的一种能源。不可再生能源又称非再生能源、耗竭性能源，相对于可再生能源而言，不可再生能源是无法经过短时间内再生的能源，而且它们的消耗速度远远超过它们再形成速度。煤炭、石油、天然气等化石燃料与核燃料、矿产等均属于不可再生能源，这些能源一旦耗尽，以这些能源作为燃料的生产活动、生活活动将无法进行，燃油机器、汽车无法运行。同时，二次能源也会因一次能源的枯竭而无法转换。

　　一次能源的大规模开发与应用，能源供给日益紧张。有关资料显示，到 2050 年，地球上的石油资源将开采殆尽，人类必须寻找新的能源替代和采取积极的节能措施，以实现人类可持续的发展。

　　同时，一次能源在开发、转换、应用过程中，破坏生态环境、污染水源、污染大气，威胁着我们的生存环境。所以我们在利用一次能源、二次能源时，在坚持节约的同时，还应该注意到环境的保护，实行清洁生产和无害利用。

　　新能源称非常规能源，是人类开发利用或正在积极研究、推广的能源，如太阳能、地热能、风能、海洋能、生物质能和核聚变能

等传统能源之外的各种形式的能源，新能源大部分是可循环利用的清洁能源。新能源的应用既是整个能源供应系统的有效补充手段，也是环境治理和生态保护的重要措施，更是应对能源危机，满足人类经济、社会可持续发展需要的最终选择。

大部分新能源主要适用于发电，由于技术原因，应用成本比较高，一旦投入运营就面临亏损境地，这也是新能源开发应用缓慢的主要原因。但随着人类受常规能源限制与环境保护的迫切需要，新能源对于一个国家能源安全有着积极的意义，各国政府正在加大新能源的研究、开发和利用，以早日替代常规能源，解决能源危机。

太阳能

我们接触最早的太阳能应该是太阳能电子手表、太阳能计算器、太阳能热水器、太阳能路灯吧，神奇的太阳能让我们疑惑：为什么它能让灯亮起来，为什么阳光在凸镜的折射下能让纸燃烧起来……

其实，自地球形成以来，生物就主要以太阳提供的热和光生存，人类自古以来就懂得用阳光晒干物件，保存食物，如用盐腌制然后晒干肉、鱼等。在化石燃料日益减少的情况下，全世界范围内的能源紧张局势下，太阳能已成为人类使用能源的不可或缺的组成部分，由于人类不断研究和技术的进步，太阳能及技术得到不断地发展，应用领域十分广泛。

太阳能是由内部氢原子发生氢氦聚变释放出巨大核能而产生的能，来自太阳的辐射能量。太阳能的利用有被动式利用（光热转换）和光电转换两种方式。太阳能发电是一种新兴的可再生能源。广义上的太阳能也包括地球上的风能、化学能、水能等。

人类生产、生活所需的绝大部分能量都直接或间接地来自太阳。植物吸收二氧化碳，通过光合作用释放氧气。太阳能是一种普遍的、无害的、巨大的、长久的新能源。

太阳光普照大地，没有地域的限制。无论陆地或海洋，无论高山或岛屿，都处处皆有，可直接开发和利用，便于采集，且无须开采和运输。

开发利用太阳能不会污染环境，它是最清洁能源之一。在环境污染越来越严重的今天，这一点是极其宝贵的。

每年到达地球表面上的太阳辐射能约相当于 130 万亿吨煤，其总量属现今世界上可以开发的最大能源。

根据太阳产生的核能速率估算，氢的贮量足够维持上百亿年，而地球的寿命也约为几十亿年，从这个意义上讲，可以说太阳的能量是用之不竭的。

太阳能也有它的缺点，太阳辐射尽管总量很大，但是能流密度很低，分散性。由于受到昼夜、季节、地理纬度和海拔高度等自然条件的限制以及晴、阴、云、雨等气象因素的影响，太阳能不稳定。而且，在利用太阳能时，想要得到一定的转换功率，往往需要面积相当大的一套收集、转换设备和蓄能技术，造价较高，经济性还不能与常规能源相竞争。

目前，人类利用太阳能还不是很普及。因为利用太阳能发电还存在成本高、转换效率低的问题。虽然在太阳能电池在为人造卫星提供能源方面得到了应用，但人类直接利用太阳能还处于初级阶段。现在，人类正在以太阳能集热、太阳能热水系统、太阳能暖房、太阳能发电、太阳能无线监控等方式应用太阳能。

随着技术的发展，人类高效利用太阳能为时不远。

风能

风是自然界最普遍的一种气象现象，它是由太阳辐射热引起的。太阳照射到地球表面，由于地貌和地形的差异，地球表面各处受热不同，区域间产生温差，从而引起大气流动形成了风。风能就是空气流动的动能，风能的大小决定于风速和空气的密度。

风能是空气流动而给人类提供一种可利用的能量，属于可再生能源。空气流动速度越大，动能越大，产生的能量就越大。风车透过传动轴带动发电机发电。现在人类普遍利用涡轮叶片将气流的机械能转为电能，也就是我们看见的风力发电站。

自 1973 年爆发世界石油危机以来，在常规能源告急和全球生态环境恶化的双重压力下，风能作为新能源的一部分才重新有了长足的发展。风能作为一种高效、无污染和可再生的新能源有着巨大的发展潜力，日益受到各国政府重视，特别是对沿海岛屿，交通不便的边远山区，广袤的草原，以及远离电网的农村、边疆，作为解决生产和生活能源的一种可靠途径，有着十分重要的意义。

虽然风能是一种无污染和可再生的能源，但风力发电会干扰鸟类活动，美国堪萨斯州的松鸡在风车出现之后已渐渐消失。风力发电需要大量土地兴建风力发电场，才可以生产比较多的能源。同时，风能利用因风速不稳定，产生的能量因而也不稳定。还有风能利用受地理环境限制严重，只有在地势比较开阔，障碍物较少的地方或地势较高的地方才适合风力发电。目前，风能的转换效率低，相应的使用设备和配套也不是很成熟。

我国东南沿海及其附近岛屿是风能资源最为丰富的地区，酒泉市、新疆北部、内蒙古、黑龙江、吉林东部、河北北部及辽东半岛也是风能资源丰富的地区；而云南、贵州、四川、甘肃（除酒泉市）、陕西南部、河南、湖南西部、福建、广东、广西的山区及新疆塔里木盆地和西藏的雅鲁藏布江是风能资源贫乏的地区。

核能

喜欢关注军事的朋友们都知道，核潜艇、核动力航母以及核武器威力很大、破坏性强，对人类具有毁灭性。自从美军在日本广岛和长崎使用核武器以来，人类对核武器有了深入的认识。为了防止核扩散、推动核裁军和促进和平利用核能的国际合作，很多国家签署了《不扩散核武器条约》。

1954 年苏联建成了世界上第一座核电站——奥布灵斯克核电站，人类将核能应用转向为经济社会服务，开启核应用的新方向。但是，随着美国三哩岛核泄漏事故、前苏联切尔诺贝利核电厂泄漏事故、英国温德斯格尔火灾、俄罗斯联邦托木斯克事故，特别是 2011 年 3 月 11 日发生在日本本州岛的海域地震造成日本福岛第一核电站 1 ~ 4 号机组发生核泄漏事故，在给人类敲响了核安全警钟的同时，也使很多人对核能利用持否定态度，造成核技术应用缓慢。我国政府也因此放慢了核电站的审批。因为核泄漏产生的核辐射，能破坏人体组织里分子和原子之间的化学键，可能对人体重要的生化结构与功能产生严重影响。

　　尽管如此，核能的应用为解决当前环境污染问题、应对能源危机问题，无疑是目前最好的办法。因为核能是非常清洁的能源，不像化石燃料发电那样排放巨量的污染物质到大气中，不会造成空气污染，也不会产生加重地球温室效应的二氧化碳。而且相比其他燃料产生的相等的能量，所需燃料非常少。一座100万千瓦的核能电厂，一年只需30吨的铀燃料。载重20吨的大卡车，两车就可拉完。如果换成燃煤，需要194万吨，365天，每天要用20吨的大卡车运265车才够。

　　《自然》杂志报道，科学家已通过实验证明，核聚变反应

释出的能量比燃料（用于引发核聚变反应）吸收的能量多，这项发现标志着核聚变能源将步入新时代。

目前，我国在运核电机组总数达到 20 台，总装机容量达 1 807 万千瓦。随着我国对核电的呼声和核技术的提高，这个数量还会大幅提高。

海洋能

从太空眺望地球，地球就是一个蓝色的星球，这是因为地球表面积 71% 是海洋。蔚蓝的海洋，一望无垠。海洋中的鱼类、虾类和贝类为人类提供味道鲜美、营养丰富的食物。不仅如此，海洋还蕴藏着巨大的能量，它将太阳能以及派生的风能等以热能、机械能等形式蓄在海水里，不像在陆地和空中那样容易散失。科学家们准备利用热带和亚热带海域表面层和深海的水温差来发电。1957 年，我国就在山东建成了潮汐发电站，我国是利用海洋能较早的国家。

海洋能是蕴藏在海洋中的一种可再生能源，海洋通过各种物理过程接收、储存和散发能量。这些能量以潮汐、波浪、温度差、盐度梯度、海流等形式存在于海洋之中。

海洋能的应用主要在发电方面，海洋能是一种清洁、不污染环境、不影响生态平衡的新型能源，相对稳定、可靠，很少受气候、水文等自然因素的影响。如潮汐能，潮水每日涨落，周而复始，取之不尽，用之不竭。潮汐发电与普通水力发电原理类似，就是在海湾或有潮汐的河口建筑一座拦水堤坝，形成水库。利用涨潮时将海水储存在水库内，以势能的形式保存。落潮时放出海水，利用高、低潮位之间的落差，推动水轮机旋转，带动发电机发电。由于潮汐发电不需要建高水坝，即使发生战争或地震等自然灾害，水坝受到破坏，也不至于对下游城市、农田、人民群众生命财产等造成严重危害。

目前，科学家正在积极研究利用波浪能、海水温差能、海流能发电，以解决人类对能源的需要和应对环境危机。

除了潮汐能应用比较普遍外，海风能应用也十分普及。我们知道，陆地风力发电有一个缺点就是占地多。在海上建风力电场就没有这个方面的顾忌了。海洋上，风力比陆地上更加强劲，方向也更加单一。据有关专家估测，一台同样功率的海洋风电机在一年内的产电量，能比陆地风电机提高 70%。

虽然海洋能较常规能源强度低，利用还存在经济效益低、

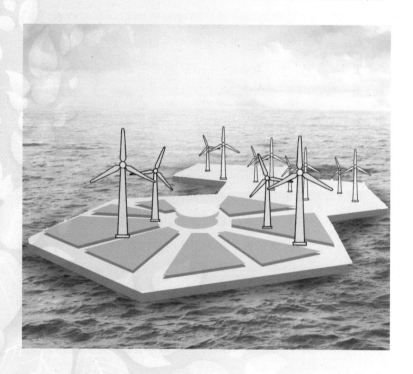

成本高、技术还不成熟，但从能源发展趋势来看，海洋能必将成为沿海国家，特别是发达的沿海国家的重要能源之一。

地热能

我们最熟悉的地热能莫过于温泉了。泡过温泉的朋友都知道，水是热的，有的地方还很烫。地热能大部分是来自地球深处的可再生性热能，它起于地球的熔融岩浆和放射性物质的衰变。还有一小部分能量来自太阳，大约占总地热能的 5%，表面地热能大部分来自太阳。

地热能可以作为煤炭、天然气和核能的最佳替代能源，地热能将有可能成为未来能源的重要组成部分。

我们只需要一台热力泵，插向地下，地热就可以为我们提供采暖、供热和供热水等方面的需要。1928 年就在冰岛首都雷克雅未克建成了世界上第一个地热供热系统。现今，这一供热系统已发展得非常完善，每小时可从地下抽取 7 740 吨 80℃的热水，供全市 11 万居民使用。

地热为我们提供热矿水被视为一种宝贵的资源，世界各国都很珍惜。热矿水常含有一些特殊的化学元素，如含碳酸的矿泉水供饮用，可调节胃酸、平衡人体酸碱度；含铁矿泉水饮用后，可治疗缺铁贫血症；氢泉、硫水氢泉洗浴可治疗神经衰弱和关节炎、皮肤病等，这也是温泉兴起的主要原因。

高温地热流体更多地应用于发电，把地下的热能转变为机械能，然后再将机械能转变为电能。地热发电和火力发电的原理是一样的，都是利用蒸汽的热能在汽轮机中转变为机械能，然后带动发电机发电。1904 年，意大利托斯卡纳的拉德瑞罗，第一次用地热驱动 0.75 马力的小发电机投入运转，并提供 5 个 100 瓦的电灯照明，随后建造了第一座 500 千瓦的小型地热电站。新西兰、菲律宾、美国、日本等国家都先后建设地热发电，其中美国地热发电的装机容量居世界首位。1975 年，西藏第三地质大队用岩心钻在羊八井打出了我国第一口湿蒸汽井，第二年我国大陆第一台兆瓦级地热发电机组在这里成功发电。

生物质能

生物质能是世界第四大能源，仅次于煤炭、石油和天然气，在整个能源系统中占有重要地位。根据生物学家估算，地球陆地每年生产 1 000 亿～1 250 亿吨生物质，海洋年生产 500 亿吨生物质。生物质能源的年生产量远远超过全世界总能源需求量，相当于世界总能耗的 10 倍。

生物质能是生物体中贮存的化学能形式的太阳能，它直接或间接地来源于绿色植物的光合作用，可转化为常规的固态、液态和气态燃料，是一种可再生的碳源。人类对生物质能的利用，直接作为燃料的有农作物的秸秆、薪柴等；间接作为燃料的有农林废弃物、动物粪便、垃圾及藻类等。生物质能源可以以沼气、压缩成型固体燃料、气化生产燃气、气化发电、生产燃料酒精、热裂解生产生物柴油等形式存在，应用在国民经济的各个领域。

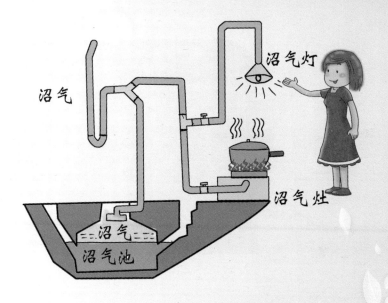

发展生物质能必须具备资源条件、技术条件和体制条件。我国发展生物能源产业有着巨大的资源潜力。我国人口多,虽然可作为生物能源的粮食、油料资源很少,但是可作为生物能源的生物质资源有着巨大的潜力。同时,生物质能是我国"十二五"期间重点发展的新兴产业之一。根据我国提出的到2020年非化石能源占能源消费总量15%的目标粗略估算,到2020年我国生物质能装机总量将达3 000万千瓦,沼气年利用量440亿立方米,生物燃料和生物柴油年产量达到1 200万吨。

第三章

环境与健康

一、环境与健康

我们知道，人与环境互相依存、互相影响，离开环境，人无法生存。人是环境的产物，人生命所需的水、氧、氢、蛋白质、脂肪、碳水化合物、无机盐等物质都来自于自然，组成我们身体的细胞、酶、骨骼、肌肉、皮肤等各个部分。环境是人类赖以生存和发展的基础和必要条件，为人类健康保持健康提供多方面的保障。人类与自然的关系，在很大程度上是健康与环境的关系。所以，我们要珍惜环境、保护环境。

天气、气候对健康的影响

天气、气候对健康的影响分为直接与间接两大类。直接的影响主要表现在天气、气候异常而产生疾病。间接的影响主要表现在气候变化导致空气、水源的污染和食物的短缺以及细菌、病毒的产生而影响健康。

医学研究表明，人体最舒适的环境温度在 15～28℃之间，在15～20℃的环境中人的记忆力强、工作效率高；在 4～10℃的环境中，发病率较高；环境温度高于 28℃时，人就会感觉不舒适；气温高于 37℃时，高温对人体的蛋白质有一定的破坏作用，容易引发一些疾病，所以，气象上把最高气温大于 32℃时定为高温天气。

直接的影响还表现为高温为病原体提供了滋生和传播条

件，威胁着人体健康。一些疾病如病毒性肝炎、霍乱、细菌性痢疾等都会在炎热和潮湿的气候下肆虐；以蚊蝇为传播媒介的登革热、脑炎等将在亚洲发展中国家和地区广泛流行。气候变暖引起的传染病流行，威胁着世界一半以上的人口。

间接的影响主要表现为温度上升对空气、水源的质量影响，从而影响人的健康。比如，气候环境比较稳定，不利于空气的扩散和流动，雾霾的出现在很大程度上跟这种天气环境有关。所以，高温天气不仅要做好个人防暑降温准备，还要做好空气、水源的保护工作；同时，高温容易使人患上消化系统或神经系统疾病，以及支气管炎、肺气肿、哮喘、鼻窦炎、咽炎等呼吸道疾病。气温降低，特别是寒冷天气，要采取防御措施，特别是有心脏、呼吸系统疾病和脑血管病的人要特别注意，此时，我们要细心照顾老年人。

大气压的变化也会引起许多健康问题。当大气压发生变化时，人体内的腔窝扩大，如：气压下降会使"窦"发生毛病，产生窦炎和窦膨胀；气压升高对人关节有很大影响；气压降低还会使人焦躁不安。极度的温度，尤其是非常寒冷的天气会使人的心血管系统负担过重。

生物性有害物质

生物性有害物质指的是生物的物质会对人类及环境有危害者。这些物质包括但不限于动物、植物、微生物、病毒等的组织切片、液体、固体、气体等。

生物的危害包括有害的细菌、病毒、寄生虫。食品中的生物危害既有可能来自于原料，也有可能来自于食品的加工过程。

生物性危害对食品的污染通过以下几种途径：一是对食品原料的污染；食品原料品种多、来源广，细菌污染的程度因不同的品种和来源而异；二是对食品加工过程中的污染；三是在食品贮存、运输、销售中对食品造成的污染。这就要求我们在生产的每个环节严格按卫生要求执行。

当然，还有很多生物自身就含对人体有害的毒素，如毒蘑菇、蜂毒、蛇毒，就连我们在平时做菜时，豆角没有熟透是不能吃的，豆角含有皂素毒和植物血凝毒素，完全煮熟毒素才被消除。否则，人食了未煮熟的豆角易中毒。中毒表现为恶心、呕吐、腹泻、头晕等。

大气污染对健康的影响

人需要呼吸空气以维持生命。一个成年人每天呼吸大约 2 万多次，吸入空气达 15 ~ 20 立方米。一旦大气受到污染，人的健康将遭到严重的影响。

大气污染物对人体的危害是多方面的，主要表现是呼吸道疾病与生理机能障碍，以及眼鼻等黏膜组织受到刺激而患病。大气中污染物的浓度很高时，会造成急性污染中毒，或使病情恶化，甚至在几天内夺去几千人的生命。其实，即使大气中污染物浓度不高，但人体成年累月呼吸这种污染了的空气，也会引起慢性支气管炎、支气管哮喘、肺气肿及肺癌等疾病。

大气污染物主要通过三条途径危害人体。一是人体表面接触后受到伤害；其次是食用含有大气污染物的食物和水中毒；三是吸入污染的空气后患上种种疾病。呼吸系统有问题的人如哮喘病患者，较易受二氧化氮影响。而对儿童来说，氮氧化物可能会造成肺部发育受损。吸入二氧化硫可使呼吸系统功能受损，加重已有的呼吸系统疾病及心血管病。

可吸入颗粒物对人体健康的影响，包括导致呼吸不适及呼吸系统症状，加重已有的呼吸系统疾病及损害肺部组织。此外，由汽车尾气和工业废气排放造成的光化烟雾除刺激人的眼睛外，还会引发气喘病、鼻炎、肺炎、头痛、恶心等。

1930 年 12 月的比利时马斯河谷烟雾事件，1948 年 10 月的美国多诺拉烟雾事件和 1952 年 12 月的英国伦敦烟雾事件都是由于大气污染造成的。

水污染对健康的影响

　　水环境污染必然引发城乡居民饮用水安全问题，直接饮用地表水和浅层地下水的城乡居民饮水质量和卫生状况难以保障。据世界卫生组织公布的调查结果表明，人类 80% 的疾病与饮用被污染的不洁净水有关。全世界每年有 5 000 万儿童由于饮用不卫生的水而死亡，有 7 000 万人患有结石病，8 000 万人患有肝炎，其中 800 万人的死亡原因是饮水不洁造成的。

　　水污染主要由人类活动产生的污染物而造成的，它包括工业污染源，农业污染源和生活污染源三大部分。工业废水为水域的重要污染源，具有量大、面广、成分复杂、毒性大、不易净化、难处理等特点。农业污染源包括牲畜粪便、农药、化肥等。农药污水中，一是有机质、植物营养物及病原微生物含量高；二是农药、化肥含量高。生活污染源主要是城市生活中使用的各种洗涤剂和污水、垃圾、粪便等，多为无毒的无机盐类，生活污水中含氮、磷、硫多，致病细菌多。

　　水污染——世界头号杀手，日趋加剧，已对人类的生存安全构成重大威胁，成为人类健康、经济和社会可持续发展的重大障碍。为了人类的健康和生存，保护水资源，已刻不容缓。

土壤污染对健康的影响

　　土壤是人类环境的主要因素之一，也是各种废弃物的天然收容和净化处理场所。土壤污染主要是指土壤中收容的有机废弃物或含毒废弃物过多，影响或超过了土壤的自净能力，从而在卫生学上和流行病学上产生了有害的影响。

　　土壤污染物可分为三类。第一类是病原体，包括肠道致病菌、肠道寄生虫（蛔虫卵）、钩端螺旋体、炭疽杆菌、破伤风杆菌、肉毒杆菌、霉菌和病毒等。它们主要来自人畜粪便、垃圾、生活污水和医院污水等。用未经无害化处理的人畜粪便、垃圾做肥料，或直接用生活污水灌溉农田，都会使土壤受到病原体的污染。第二类是有毒化学物质，如镉、铅等重金属以及有机氯农药等。它们主要来自工业生产过程中排放的废水、废气、废渣以及农业上大量施用的农药和化肥。第三类是放射性物质，它们主要来自核爆炸的大气散落物，工业、科研和医疗机构产生的液体或固体放射性废弃物。它们释放出来的放射性物质进入土壤，能在土壤中积累，形成潜在的威胁。

土壤是传染病毒的载体。被病原体污染的土壤能传播伤寒、副伤寒、痢疾、病毒性肝炎等传染病。结核病人的痰液含有大量结核杆菌，如果随地吐痰，就会污染土壤。水分蒸发后，结核杆菌在干燥而细小的土壤颗粒上还能生存很长时间。这些带菌的土壤颗粒随风进入空气，人通过呼吸，就会感染结核病。有些人畜共患的传染病或与动物有关的疾病，也可通过土壤传染给人。

被有机废弃物污染的土壤还容易腐败分解，散发出恶臭，污染空气。土壤被有毒化学物污染后，对人们的影响大都是间接的，主要是通过农作物、地面水或地下水对人体产生影响。人、畜通过饮水和食物可引起中毒。

土壤被放射性物质污染后，通过放射性衰变，能产生 α、β、γ 射线。这些射线能穿透人体组织，使机体的一些组织细胞死亡。这些射线对机体既可造成外照射损伤，又可通过饮食或呼吸进入人体，造成内照射损伤，使受害者头昏、疲乏无力、脱发、白细胞减少或增多，发生癌变等。

噪声污染对健康的影响

噪声污染早已成为城市环境的一大公害。国外早就出现了"噪声病"一词，世界卫生组织对全世界噪声污染调查认为，噪声污染已经成为影响人们身体健康和生活质量的严重问题。

来自机动车、飞机、火车等交通工具的噪声是流动的，干扰范围大。而建筑施工现场的噪声污染虽然相对固定，但噪声的强度和持续性更加令人难以忍受。因为建筑施工现场的噪声一般在 90 分贝以上，最高达到 130 分贝。与交通和建筑施工噪声相比，来自于室内的生活噪声往往容易被忽略。家庭中的电视机、风扇、电脑、洗衣机所产生的噪声可达到 50 ～ 70 分贝，电冰箱为 34 ～ 45 分贝。

世界卫生组织研究表明，当室内的持续噪声污染超过 30 分贝时，人的正常睡眠就会受到干扰，而持续生活在 70 分贝以上的噪声环境中，人的听力及身体健康都会受到影响。

噪声对人体健康的危害是多方面的。容易受到关注的是对听力的损害，引起耳部不适，如耳鸣、耳痛和听力下降。若在 80 分贝以上的噪声环境中生活，造成耳聋者可达 50%。除此之外，噪声还可损伤心血管、神经系统等。长期在噪声中，特别是夜间噪声中生活的冠心病患者，心肌梗死的发病率会增加。噪声还可导致女性生理机能紊乱、月经失调、流产率增加等。噪声的心理效应多反映在噪声影响人的休息、睡眠和工作，从而使人感到烦躁、萎靡不振，影响工作效率。对于正处于生长发育阶段的婴幼儿来说，噪声危害尤其明显。经常处在嘈杂环境中的婴儿不仅听力受到损伤，智力发育也会受到影响。

核泄漏对健康的影响

核泄漏一般的情况对人的影响表现在核辐射，也叫作放射性物质，放射性物质以波或微粒形式发射出的一种能量就叫核辐射，核爆炸和核事故都有核辐射。它有 α、β 和 γ 三种辐射形式。α 辐射只要用一张纸就能挡住，但吸入体内危害大；β 辐射是高速电子，皮肤沾上后烧伤明显；γ 辐射和 X 射线相似，能穿透人体和建筑物，危害距离远。宇宙、自然界能产生放射性的物质不少，但危害都不太大，只有核爆炸或核电站事故泄漏的放射性物质才能大范围地对人员造成伤亡。

放射性物质可通过呼吸吸入或皮肤伤口及消化道吸收进入体内，引起内辐射。γ 辐射可穿透一定距离被机体吸收，使人员受到外照射伤害。内外照射形成放射病的症状有：疲劳、头昏、失眠、皮肤发红、溃疡、出血、脱发、白血病、呕吐、腹泻等。有时还会增加癌症、畸变、遗传性病变发生率，影响几代人的健康。一般来讲，身体接受的辐射能量越多，其放射病症状越严重，致癌、致畸风险越大。

二、水安全

当气温接近 40℃ 时，最珍贵的液态资源绝不是石油，而是水。俄罗斯学者预测，2035—2045 年人类消费的淡水量将与其储量相当。然而全球性水资源危机甚至可能提早到来。这是因为大部分的水资源集中在少数几个国家，如巴西、加拿大和俄罗斯。这些国家水资源储量巨大，2045 年前远远用不完。但在其他一些国家，缺水问题已迫在眉睫。

地球上可被利用的水并没有人类想象的那么多。地球上水占 70% 的面积，其中海水占 97.3%，可用淡水只有 2.7%。在近 3% 淡水中 77.2% 存在雪山冰川中，22.4% 为土壤中和地下水（降水与地表水渗入）。只有 0.4% 为地表水，地表水指河流、湖泊、冰川等水体。中国水资源状况：中国大小河川总长 42 万千米，湖泊 7.56 万平方千米，占国土总面积的 0.8%。我国是世界上最大的发展中国家，也是水资源短缺的国家，发展需求与水资源条件之间的矛盾十分突出。目前，我国水资源总量 29 528.8 亿立方米，但用水总量已经突破 6 000 亿立方米，占水资源可开发利用量的 74%，但全国缺水量仍达 500 多亿立方米，近 2/3 城市不同程度地存在缺水。

水安全是人类和社会经济可持续发展的一种环境和条件。水安全是在一定流域或区域内，以可预见的技术、经济和社会发展水平为依据，以可持续发展为原则，水资源、洪水和水环境能够持续支撑经济社会发展规模、能够维护生态系统良性发展的状态。

水安全状况与经济社会和人类生态系统的可持续发展紧密相关。随着全球性资源危机的加剧，国家安全观念发生重大变化，水安全已成为国家安全的一个重要内容，与国防安全、经济安全、金融安全有同等重要的战略地位。水是生命的源泉，人们生活、生产都离不开水，应高度重视用水安全，节约用水、保护水资源。

饮用水安全

我们仅能从水的外观、气味和尝味来判断水质，一般正常的饮用水的外观应是澄清无色、闻起来没有气味，喝起来也没有异味，即使有些微弱的消毒水味也是正常现象的。

关于水，我们知道——放太久的水不要喝了，水不能烧开两次，不要喝海水和太咸的水。严格地说，大自然的水不管多少级多卫生一般不适合人类饮用，除非开采基岩以下矿泉水及其他水经过处理后才能适合人类饮用。

多少级？就是水的等级。依照《地表水环境质量标准》（GB 3838—2002）中规定，地面水使用目的和保护目标，中国地面水分五大类：

Ⅰ类（一类水质），主要适用于源头水，国家自然保护区。这类水质良好。地下水只需消毒处理，地表水经简易净化处理（如过滤）、消毒后即可供生活饮用者。

Ⅱ类（二类水质），主要适用于集中式生活饮用水、地表水源地一级保护区，珍稀水生生物栖息地，鱼虾类产卵场，稚仔幼鱼的索饵场等。这类水质受轻度污染，经常规净化处理（如絮凝、沉淀、过滤、消毒等），就可供生活饮用者。

Ⅲ类（三类水质），主要适用于集中式生活饮用水、地表水源地二级保护区，鱼虾类越冬、洄游通道，水产养殖区等渔业水域及游泳区。

Ⅳ类（四类水质），主要适用于一般工业用水区及人体非直接接触的娱乐用水区。

Ⅴ类（五类水质），主要适用于农业用水区及一般景观要求水域。超过五类水质标准的水体基本上已无使用功能。

2007年7月1日，由国家标准委和卫生部联合发布的《生活饮用水卫生标准》（GB 5749—2006）强制性国家标准和13项生活饮用水卫生检验国家标准已正式实施。

标准规定了生活饮用水水质卫生要求、生活饮用水水源水质卫生要求、集中式供水单位卫生要求、二次供水卫生要求、涉及生活饮用水卫生安全产品卫生要求、水质监测和水质检验方法。

饮水安全是人类健康和生命安全的基本保障，保障饮水安全是国家的基本国策，是宪法及国家性质本质的要求，是社会进步与文明的标志，是人类生存的基本权利，人权的重要内涵。

饮水安全包括饮用水水源、饮水水量水质和饮用水获得的方便程度等内容。

安全饮用水是指水质符合国家标准的无毒无害的生活饮用水，人们正常饮用该类水，并用于生活中的洗漱、沐浴等个人卫生用水，可终生保障饮用者的身体健康和生活质量。安全饮用水可正常发挥水在人体内的生理功能；有效地预防水中生物、化学或物理因素引起的各种急性、亚急性或慢性毒性和疾病。安全饮用水是人民群众健康的保障。

我国除了安全饮水，还有一些提法，如干净水、放心水等均属于该水的范畴。

安全饮用水包括两方面，其一是从事饮用水方面的政府相关部门、行业、科技人员以及企业给人民群众提供符合相关标准的饮用水。保护好饮用水的水源地和水源，改进制水和供水处理设备的安全和合理，强化监督管理和水质的监测和评价。大力宣传饮水的科学知识，从水源地抓起，对制水、供水、输配水和用水等各个环节保障供应符合国家标准的水。其二是人民群众要关心自己的生活环境，保护生态环境、保护自己赖以生存的水源地不仅是社会和政府的事，也是我们每个人的事情。因此消费者要多知道饮用水方面的指标，知道如何判定饮水的安全性，什么样的水符合标准。

安全饮用水指的是一个人终身饮用，也不会对健康产生明显危害的饮用水。根据世界卫生组织的定义，所谓终身饮用是按人均寿命 70 岁为基数，以每天每人 2 升饮水计算。安全饮用水还应包含日常个人卫生用水，包括洗澡用水、漱口用水等。如果水中含有害物质，这些物质可能在洗澡、漱口时通过皮肤接触、呼吸吸收等方式进入人体，从而对人体健康产生影响。

饮用水必须要消毒

为保证饮用水安全，消毒是必须要做的事情。目前主要的消毒方式有用氯气、氯胺、臭氧和紫外线消毒等。为了保证从用户龙头出来的水仍有消毒作用，在接收到的自来水中可能会有一些消毒剂的气味。消毒剂的主要副产物有氯仿、二氯乙酸、氯化腈、溴酸盐、甲醛和亚氯酸盐等。只要饮用水中的消毒副产物不超过标准规定，对人体健康就没有害处。

保证饮用水安全，消毒有必要。

pH 值、硬度和氟化物与健康

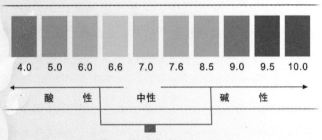

| 4.0 | 5.0 | 6.0 | 6.6 | 7.0 | 7.6 | 8.5 | 9.0 | 9.5 | 10.0 |

酸　　性　　　　　中性　　　　　碱　　性

饮用水的标准在 6.5 ~ 8.5

pH值色别表

　　pH 值表示水的酸碱度，清洁天然水的 pH 值应为中性，即为 pH7 左右。pH 值是水质净化时的重要控制指标，过低的 pH 值会腐蚀金属管道和容器，过高容易引起结垢，影响加氯消毒效果。我国饮用水的 pH 值标准为 6.5 ~ 8.5。饮用水 pH 值在正常范围情况下对人体健康没有影响。

　　水的硬度是由溶解于水中的钙、镁组成，并用"折合成碳酸钙的毫克每升"作为计量单位。饮用水的硬度过高烧开水时壶内会结垢，也影响口感；硬度过低容易腐蚀管道。我国的饮用水硬度标准限值定为 450 毫克 / 升。饮用水硬度对人体健康没有不良影响，大多数研究报告认为，饮用水中有较高的硬度对预防心血管病有好处，而且钙也是一般人体需要补充的元素。大多数国家的饮用水硬度标准设在 400 ～ 500 毫克 / 升。

饮水是摄入氟的主要途径。人体摄入过量氟化物会使牙齿染上色斑，严重时会使骨骼变形，丧失劳动能力。根据我国的调查资料，饮水中氟化物浓度在 1.0 毫克 / 升以下，儿童出现氟斑牙的发病率低于 30%，程度比较轻。每个个体对氟的耐受程度不同，并可能与其他摄入成分（如钙、锰）的量有关，所以在农村贫困地区，氟化物危害问题更为突出。有资料证明，适量的氟化物可以有效预防龋齿的发生。一般认为饮水中氟化物在 0.5 ～ 1.0 毫克 / 升是适宜的。

水污染

人类的活动会使大量的工业、农业和生活废弃物排入水中，使水受到污染。全世界每年约有 4 200 多亿立方米的污水排入江河湖海，污染了 5.5 万亿立方米的淡水，这相当于全球径流总量的 14% 以上。

日趋加剧的水污染，已对人类的生存安全构成重大威胁，成为人类健康、经济和社会可持续发展的重大障碍。据世界权威机构调查，在发展中国家，各类疾病有 80% 是因为饮用了不卫生的水而传播的，每年因饮用不卫生水至少造成全球 2 000 万人死亡。因此，水污染被称做"世界头号杀手"。

　　水污染是指水体因某种物质的介入，而导致其化学、物理、生物或者放射性等方面特性的改变，从而影响水的有效利用，危害人体健康或者破坏生态环境，造成水质恶化的现象。

　　水污染主要是由于人类排放的各种外源性物质，包括自然界中原先没有的，进入水体后，超出了水体本身自净作用所能承受的范围的一种现象。

　　水体自净作用就是污染物经过在水中稀释、扩散、沉淀等物理作用使浓度降低，还可以经过氧化、还原、吸附、凝聚等化学作用使浓度降低，同时，进入水中的有机物，可通过生物活动，尤其是微生物的作用，使它分解而降低浓度，这就是水体的自净作用。

水污染主要是由人类活动产生的污染物造成，它包括工业污染源、农业污染源和生活污染源三大部分。污染物主要有：① 未经处理而排放的工业废水；② 未经处理而排放的生活污水；③ 大量使用化肥、农药、除草剂而造成的农田污水；④ 堆放在河边的工业废弃物和生活垃圾；⑤ 森林砍伐，水土流失；⑥ 因过度开采，产生矿山污水。

水体污染影响工业生产、增大设备腐蚀、影响产品质量，甚至使生产不能进行下去。水的污染，又影响人民生活，破坏生态，直接危害人的健康，损害很大。

我们应加强保护水资源意识，加大保护水环境力度，从自身做起，从小事做起，否则地球上最后一滴水将是我们的眼泪！

保护水资源

保护水资源是人类最伟大、最神圣的天职。珍惜水资源，保护水资源，节约水资源是我们的责任。让我们从现在做起，从我做起，从点点滴滴做起：

① 改变传统的用水观念。节约用水，一水多用，充分循环利用水。树立惜水意识，开展水资源警示教育。

② 合理开发水资源，避免水资源破坏，防止水资源污染，保证水体自身持续发展。

③ 提高水资源利用率，减少水资源浪费，实现水资源重复利用。

④ 慎用清洁剂，大多数洗涤剂都是化学产品，洗涤剂含量大的废水大量排放到江河里，会使水质恶化。

⑤ 使用节水设备。

⑥ 洗手、刷牙、洗脸不需要水时，要关闭水龙头。

三、食品安全

民以食为天，食以安为先。食品安全，关系到国计民生，责任重于泰山。

食品安全是指食品无毒、无害，符合应当有的营养要求，对人体健康不造成任何急性、亚急性或者慢性危害。根据世界卫生组织的定义，食品安全是"食物中有毒、有害物质对人体健康影响的公共卫生问题"。对于社会而言，食品安全就是食品供给能够保证人类的生存和健康。

我们了解最多关于食品安全的问题是食品质量安全，这里主要涉及食物是否被污染、是否有毒，添加剂是否违规超标等问题。其实，有关食品安全，还包含食品数量安全和食品可持续安全。食品数量安全是一个国家或地区能够生产民族基本生存所需的膳食需要，满足人们既能买得到又能买得起生存生活所需要的基本食品供给。食品可持续安全是从发展角度考虑，为了保障食品长期供给必须注重生态环境的良好保护和资源利用，实现食品安全的可持续。

食品安全要求食品（食物）的种植、养殖、加工、包装、贮藏、运输、销售、消费等活动符合国家强制标准和要求，不存在可能损害或威胁人体健康的有毒有害物质以导致消费者病亡或者危及消费者及其后代的隐患。食品安全既包括生产安全，也包括经营安全；既包括结果安全，也包括过程安全；既包括现实安全，也包括未来安全。

　　天然植物由于受被污染的土壤、水源、空气及农药等因素的影响，一些有害成分会残留在植物内。如今社会生存环境严重恶化，就是纯天然的水果、蔬菜也都可能残留各种农药、重金属等有毒成分。这些有毒成分不除掉，会危害健康。选择任何食品首先要关注安全问题，如果不能保证食用安全，"纯天然"也就失去意义。

　　无污染是一个相对的概念。食品中所含物质是否有害也是相对的，要有一个量的概念。只有某种物质达到一定的量才会有害，才会对食品造成污染。只要有害物含量控制在标准规定的范围之内，就有可能成为绿色无公害食品。

　　国务院办公厅 2014 年 5 月印发了《2014 年食品安全重点工作安排》。根据工作安排，第一项重点方面的治理整顿工作，就是开展食用农产品质量安全源头治理，加大土地和水污染治理力度，严格农业投入品管理，严厉打击使用禁用农兽药、"瘦肉精"等违禁物质的行为。文件指出，加大土地和水污染治理力度，重点治理农产品产地土壤重金属污染、农业种养殖用水污染、持久性有机物污染等环境污染问题，努力切断污染物进入农田的链条。

食品安全危害

　　食品安全危害是指潜在损坏或危及食品安全和质量的因子或因素，包括生物、化学以及物理性的危害，对人体健康和生命安全造成危险。一旦食品含有这些危害因素或者受到这些危害因素的污染，就会成为具有潜在危害的食品，尤其指可能发生微生物性危害的食品。

（1）生物性危害

常见的生物性危害包括细菌、病毒、寄生虫以及霉菌。

细菌 按其形态，细菌分为球菌、杆菌和螺形菌；按其致病性，细菌又可分为致病菌、条件病菌和非致病菌。食品中细菌对食品安全和质量的危害表现在两个方面。一是引起食品腐败变质；二是引起食源性疾病。若食品被致病菌污染，将会造成严重的食品安全问题。

病毒 病毒对食品的污染不像细菌那么普遍，但一旦发生污染，产生的后果将非常严重。

寄生虫 在寄生关系中，寄生虫的中间宿主具有重大的食品安全意义。畜禽、水产是许多寄生虫的中间宿主，人食用了含有寄生虫的畜禽和水产品后，就可能感染寄生虫。生吃或烹调不适，会使人容易感染。

霉菌　霉菌可以破坏食品的品质，有的产生毒素，造成严重的食品安全问题。例如黄曲霉素、杂色曲霉素、赭曲霉素可以导致肝损伤，并具有很强的致病作用。

（2）化学性危害

常见的化学性危害有重金属、自然毒素、化学药物、洗消剂及其他化学性危害。

重金属　汞、镉、铅等重金属均是对食品安全有危害的金属元素。食品中的重金属主要来源于三个途径：一是农用化学物质的使用、工业废气、废水、废渣的污染；二是食品加工过程所使用不符合卫生要求的机械、管道、容器以及食品添加剂中含有毒金属；三是作为食品的植物在生长过程中从含高金属的土壤中吸取了有毒重金属。

自然毒素　许多食品含有自然毒素，例如发芽的马铃薯（土豆）含有大量的龙葵毒素，可引起中毒或致人死亡；鱼胆中含的 5-a 鲤醇，能损害人的肝肾和心脑，造成中毒和死亡；霉变甘蔗中含 3- 硝基丙醇，可致人死亡。自然毒素有的是食物本身就带有，有的则是细菌或霉菌在食品中繁殖过程所产生的。

化学药物　食品植物在种植生长过程中，使用了农药杀虫剂、除草剂、抗氧化剂、抗菌素、促生长素、抗霉剂以及消毒剂等，或畜禽鱼等动物在养殖过程中使用的抗生素，合成抗菌药物等，这些化学药物都可能给食物带来危害。

洗消剂　洗消剂是一个常被忽视的食品安全危害。问题产生的原因有：一是使用非食品用的洗消剂，造成对食品及食品用具的污染；二是不按科学方法使用洗消剂，造成洗消剂在食品及用具中的残留。例如，有些餐馆使用洗衣粉清洗餐具、蔬菜或水果，造成洗衣粉中的有毒有害物质对食品及餐具的污染。

化学性危害情况比较复杂，污染途径较多。上面讲的是一些常见的、主要化学性危害，还有滥用机械润滑油等其他化学性危害。

（3）转基因食品的危害

转基因技术是利用现代生物技术，将人们期望的目标基因，经过人工分离、重组后，导入并整合到生物体的基因组中，从而改善生物原有的性状或赋予其新的优良性状。除了转入新的外源基因外，还可以通过对生物体基因的加工、敲除、屏蔽等方法改变生物体的遗传特性，获得人们希望得到的性状。转基因技术的主要过程包括外源基因的克隆、表达载体构建、遗传转化体系的建立、遗传转化体的筛选、遗传稳定性分析和回交转育等。转基因食品，就是指科学家在实验室中，把动植物的基因加以改变，再制造出具备新特征的食品种类。

早在 20 世纪 90 年代初，美国食品和药物管理局（FDA）已经对转基因食品安全问题发出警告：转基因食品有内在的危险，并可能制造出难以检测的过敏、新的疾病和营养问题。

1999 年 3 月，《自然》杂志发表了康乃尔大学 Losey 等人认为转基因作物有毒性的论文，引起了世界的震惊，其报道的转基因 Bt 玉米毒死黑脉金斑蝶的幼虫，可谓转基因作物短期不良反应的一个实例。

欧盟国家在 2000 年 6 月决定暂停转基因产品的种植和流通。

安全习惯

① 购买食物时，注意看清食品包装有无生产厂家、生产日期，是否过保质期，食品原料、营养成分是否标明，有无 QS 标识，不能购买三无产品和过期产品。

② 打开食物包装，检查食品是否具有它应有的感官性状。不能食用腐败变质、油脂酸败、霉变、生虫、污秽不洁、混有异物或者其他感官性状异常的食品，若蛋白质类食品发黏，渍脂类食品有嚎味，碳水化合物有发酵的气味或饮料有异常沉淀物等均不能食用。

③ 不到无证摊贩处购买食物，减少食物中毒的隐患。

④ 注意个人卫生，养成吃东西以前洗手的习惯；不用不干净餐具盛装食物，不乱扔食物垃圾，防止蚊蝇滋生。

⑤ 少吃油炸、油煎食品。

⑥ 水果蔬菜要清洗干净后食用。

⑦ 不食用在室温条件下放置超过 2 小时的熟食和剩余食品。

⑧ 不饮用不洁净的水或者未煮沸的自来水。

⑨ 节约食物，但不吃腐烂、过期变质的食物。

食物中毒预防

食物被细菌或细菌毒素污染，或食物含有毒素而引起的急性中毒性疾病，这就是食物中毒。预防食物中毒，要遵守食物处理三个原则：

清洁食物

① 清洁：食物应彻底清洗，保持厨房环境和餐用具的清洁卫生。

② 速度：食物要尽快处理、烹饪供食，做好的食物也要尽快食用。

③ 加热与冷藏：超过 70℃以上细菌易被杀灭，7℃以下可抑制细菌生长，零下 18℃以下细菌则不能繁殖；要彻底加热食品，特别是肉、奶、蛋及其制品；生、熟食要分开放，存放时间不宜过长。

我国食品安全标准

我国食品安全标准主要包含以下九类：

①　食品相关产品中的致病性微生物、农药残留、兽药残留、重金属、污染物质以及其他危害人体健康物质的限量规定。

②　食品添加剂的品种、使用范围、用量。

③　专供婴幼儿和其他特定人群的主辅食品的营养成分要求。

④　对与食品安全、营养有关的标签、标识、说明书的要求。

⑤　食品生产经营过程的卫生要求。

⑥　与食品安全有关的质量要求。

⑦　食品检验方法与规程。

⑧　其他需要制定为食品安全标准的内容。

⑨　食品中所有的添加剂必须详细列出。

如何看食品标签

食品标签是指在食品包装容器上或附于食品包装容器上的一切附签、吊牌、文字、图形、符号说明物。标签的基本内容为：食品名称、配料表、净含量和规格、生产者和（或）经销者的名称、地址和联系方式、生产日期和保质期、贮存条件、食品生产许可证编号、产品标准代号及其他需要标示的内容。

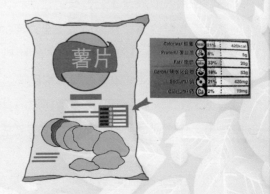

《食品标识管理规定》规定，食品标识的内容应当真实准确、通俗易懂、科学合法。我们选购食品

时，看标签要注意：

① 标签的内容是否齐全？所有食品生产者，都必须按照《预包装食品标签通用标准》正确地标注各项内容。

② 标签是否完整？食品标签不得与包装容器分开。食品标签的一切内容，不得在流通环节中变得模糊甚至脱落；必须保证消费者购买和食用时醒目、易于辨认和识读。

③ 标签是否规范？食品标签所用文字必须是规范的汉字；可以同时使用汉语拼音，但必须拼写正确，不得大于相应的汉字；可以同时使用少数民族文字或外文，但必须与汉字有严密的对应关系，外文不得大于相应的汉字；食品名称必须在标签的醒目位置，且与净含量排在同一视野内。

④ 标签的内容是否真实？食品标签的所有内容，不得以错误的、容易引起误解或欺骗性的方式描述或介绍食品。如，不如实标注生产日期、保质期，宣称疗效、功效或预防疾病等。

食品安全问题投诉

① 药品、医疗器械、保健食品、化妆品在研制、生产、流通、使用环节质量安全方面的违法行为，以及食品的生产加工、流通和餐饮消费环节质量安全方面的违法行为可通过电话12331、网站 www.12331.org.cn、信件和走访等方式，向各级食品药品监督管理局投诉举报机构反映。

② 对各级食品药品监督管理部门具体行政行为有异议，或提出工作建议、意见，可向各级食品药品监督管理局信访部门反映。

③ 食品药品监督管理部门工作人员滥用职权、贪污腐败、

腐化堕落、失职渎职等违法违纪问题，可向各级纪检监察部门反映。

　　④ 涉及产品赔偿、退货、退款等问题的，可向消费者权益保护部门反映。

　　⑤ 涉及食用农产品质量以及畜禽屠宰问题，可向农业行政部门反映。

　　⑥ 产品的价格问题，可向当地物价管理部门反映。

　　⑦ 对违法广告的处罚，由工商行政管理部门负责。

有机食品

　　随着人们生活水平的不断提高，有机食品走上了越来越多家庭的餐桌。与传统食品相比，有机食品在无污染的环境中种植或培育，不使用农药、化肥、生长调节剂等化学物质。

　　有机食品也叫生态或生物食品等。有机食品是国际上对无污染天然食品比较统一的提法。有机食品通常来自于有机农业生产体系，根据国际有机农业生产要求和相应的标准生产加工的。除有机食品外，国际上还把一些派生的产品，如有机化妆品、纺织品、林产品或有机食品生产而提供的生产资料，包括生物农药、有机肥料等，经认证后统称有机产品。

　　有机食品的主要特点来自于生态良好的有机农业生产体系，有机食品在其生产加工过程中绝对禁止使用农药、化肥、激素等人工合成物质，并且不允许使用基因工程技术。而其他食品则允许有限使用这些技术，且不禁止基因工程技术的使用。如绿色食品对基因工程和辐射技术的使用就未作规定。

判断标准

① 食品生产所需的土壤、水必须是无污染的，以及生产所在地的大气环境也没有污染；

② 生产所需的其他原料来自于有机农业生产体系或野生天然无污染产品。如肥料、饲料都是有机和无污染的。

③ 有机食品在生产和加工过程中必须建立严格的质量管理体系、生产过程控制体系和追踪体系，并严格遵循有机食品生产、采集、加工、包装、贮藏、运输标准。

说明：无污染是一个相对的概念，世界上不存在绝对不含有任何污染的物质。这里强调的无污染，是土地、其灌溉用水、环境空气质量均需要符合相关规定。

我们常说的绿色食品、有机食品，很少强调生产所需的土壤、水是没有污染的。

绿色食品

绿色食品不是绿颜色的食品。绿色食品是指产自优良生态环境、按照绿色食品标准生产、实行全程质量控制并获得绿色

食品标志使用权的安全、优质食用农产品及相关产品。绿色食品认证依据的是农业部绿色食品行业标准。绿色食品在生产过程中允许使用农药和化肥，但对用量和残留量的规定通常比无公害标准要严格。

无公害农产品

无公害食品应当是普通食品都应当达到的一种基本要求。无公害农产品是指产地环境、生产过程和产品质量符合国家有关标准和规范的要求，经认证合格获得认证证书并允许使用无公害农产品标志的未经加工或者初加工的食用农产品。无公害农产品生产过程中允许使用农药和化肥，但不能使用国家禁止使用的高毒、高残留农药。

四、环境污染的自我保护

良好的环境是生存的基础、健康的保障。环境污染是影响健康的重要因素，环境的变化会直接或间接地影响健康。我们知道空气污染会对呼吸系统、心血管系统等产生重要影响，水、土壤污染影响整体环境质量，危害人体健康。

当前，我国正处于工业化、城镇化加速发展时期，各种自然灾害和人为活动带来的环境风险不断加剧，突发环境事件仍呈高发态势，跨界污染、重金属及有毒有害物质污染事件频发，社会危害和影响明显加大。环境污染已成为影响我国经济社会可持续发展和公众健康的一个重要因素，环境污染特别是化学物质污染造成的健康危害，一般都是通过接触含有这些物质的空气、水、土壤、食物等介质而发生的。

尽管环境污染危害大多不在个人的可控范围之内，但通过增强自我保护意识，注重自我防护，减少接触、降低暴露，可减轻或消除其造成的健康危害，从而保护自己和家人健康。

遇到环境污染危害健康行为时，我们要主动拨打 12369 热线投诉，让有关部门在第一时间了解事故情况。遇到环境危害时，我们要保持冷静，不要惊慌，不要传播谣言，更不要围观，按照有关单位的指令采取防护措施或应急行动，听从政府或应急部门的指挥，选择正确的逃生方法，快速撤离现场。

应对核污染

① 勿淋雨，穿戴帽子、头巾、眼镜、雨衣、手套和靴子等，有助于减少体表放射性物质污染。

② 关闭窗户和通风口：留在室内，关闭窗户和通风口，关闭空调、换气扇、锅炉和其他进风口，使用再循环空气。

③ 如果可能，进入地下室或其他地下区域。

④ 如果你已经暴露于核辐射中，要彻底洗澡换衣服和鞋子。将暴露过的衣物放在塑料袋中，密封塑料袋后，放到偏僻处。

⑤ 将食品放在密闭容器内或冰箱里。事先没封的食物应先清洗再放入容器。

⑥ 如非必要，不要使用电话。

⑦ 注意屏蔽，利用铅板、钢板或墙壁挡住或降低照射强度。

⑧ 进入空气放射性物质污染严重的地区时，要对口、眼、耳、鼻等严防死守，例如用手帕、毛巾、布料等捂住口鼻。

应对雾霾

① 老人、孩子、孕妇和患呼吸系统疾病等易感人群，应尽量减少外出；哮喘、冠心病患者若要外出，需要随身携带药物和戴上医用防护口罩。

② 尽量待在室内，减少室外活动的时间或降低活动强度。同时，应保持门窗紧闭，防止室外污染物大量进入室内，保持室内空气质量。

③ 进入室内，要及时洗脸、漱口、清理鼻腔，去掉身上所附带的污染残留物。洗脸时最好用温水，利于洗掉脸上的颗粒。清理鼻腔时可以用干净棉签蘸水反复清洗，或者反复用鼻子轻轻吸水，清除污染物。

④ 饮食方面，多吃新鲜蔬菜和水果，这样可以补充各种维生素和无机盐，能够润肺除燥、祛痰止咳、健脾补肾；多吃点豆腐、牛奶等食品；少吃辛辣等刺激性食物；易感的人要多喝水，生活作息要规律。

⑤ 外出时，要选购合格的医用防护口罩；取下口罩后要等到里面干燥后再对折起来，以防呼吸的潮气使口罩滋生细菌。

应对危险化学品危害

① 发现环境污染危害事故时，要立即向 12369 或 110、119、120 报警，并远离危险区报警，以免引起易燃易爆物质燃烧爆炸；

② 不要围观，迅速引导周围人员、周边的人撤离危险区；

③ 朝侧风向迅速离开危险区域，再朝上风向安全地带撤离；

④ 撤离时，将手帕、衣服弄湿，捂住口、鼻迅速离开。

第四章

公众参与与
重大环境污染事件

一、环境评价与信息公开

环境资源在我国生态环境安全格局中具有重要战略地位，保护生态环境和自然资源是环境保护的重点任务，也是环境影响评价的重要内容。近年来大规模城市建设以及房地产、工业区、区域、流域、重点行业的开发和高强度港口、码头、航道、公路等工程建设，加剧了对生态环境的威胁和自然资源的破坏，形势日益严峻。要加强对生态环境和自然资源保护，必须严格环境评价管理，把好在发展中保护的第一关。

环境评价是环境影响评价和环境质量评价的简称，其口语简称"环评"。从广义上说，环境评价是对环境系统状况的价值评定、判断和提出对策。从环境卫生学角度按照一定的评价标准和方法对一定区域范围内的环境质量进行客观的定性和定量调查分析、评价和预测。环境质量评价实质上是对环境质量优与劣的评定过程，该过程包括环境评价因子的确定、环境监测、评价标准、评价方法、环境识别，因此环境质量评价的正确性体现在上述五个环节的科学性与客观性。常用的方法有数理统计方法和环境指数方法两种。

环境评价的目的主要是掌握和比较环境质量状况及其变化趋势；寻找污染治理重点；为环境综合治理和城市规划及环境规划提供科学依据；研究环境质量与人群健康关系；预测评价拟建的项目对周围环境可能产生的影响。

为了维护公民自身环境权益，公民可以以公众参与形式了解相关环境信息，保护切身利益。同时，环境信息公开已经成为一种制度，它保障的是作为公民基本权利的知情权，从而打破了信息垄断，增强了公众的话语权，加强政府、企业、公众的沟通和协商，形成政府、企业和公众的良性互动关系有重要的促进作用，有利于社会各方共同参与环境保护。

公众参与的相关规定

（1）《中华人民共和国政府信息公开条例》相关规定

第九条：行政机关对符合下列基本要求之一的政府信息应当主动公开：（一）涉及公民、法人或者其他组织切身利益的；（二）需要社会公众广泛知晓或者参与的；（三）反映本行政机关机构设置、职能、办事程序等情况的；（四）其他依照法律、法规和国家有关规定应当主动公开的。

第十三条：除本条例第九条、第十条、第十一条、第十二条规定的行政机关主动公开的政府信息外，公民、法人或者其他组织还可以根据自身生产、生活、科研等特殊需要，向国务院部门、地方各级人民政府及县级以上地方人民政府部门申请获取相关政府信息。

第二十六条：行政机关依申请公开政府信息，应当按照申请人要求的形式予以提供；无法按照申请人要求的形式提供的，可以通过安排申请人查阅相关资料、提供复制件或者其他适当形式提供。

（2）《中华人民共和国环境保护法》相关规定

第五十三条：公民、法人和其他组织依法享有获取环境信息、参与和监督环境保护的权利。各级人民政府环境保护主管部门和其他负有环境保护监督管理职责的部门，应当依法公开环境信息、完善公众参与程序，为公民、法人和其他组织参与和监督环境保护提供便利。

第五十六条：对依法应当编制环境影响报告书的建设项目，建设单位应当在编制时向可能受影响的公众说明情况，充分征求意见。负责审批建设项目环境影响评价文件的部门在收到建设项目环境影响报告书后，除涉及国家秘密和商业秘密的事项外，应当全文公开；发现建设项目未充分征求公众意见的，应当责成建设单位征求公众意见。

第五十七条：公民、法人和其他组织发现任何单位和个人有污染环境和破坏生态行为的，有权向环境保护主管部门或者其他负有环境保护监督管理职责的部门举报。公民、法人和其他组织发现地方各级人民政府、县级以上人民政府环境保护主管部门和其他负有环境保护监督管理职责的部门不依法履行职责的，有权向其上级机关或者监察机关举报。接受举报的机关应当对举报人的相关信息予以保密，保护举报人的合法权益。

（3）《中华人民共和国环境影响评价法》相关规定

第四条：环境影响评价必须客观、公开、公正，综合考虑规划或者建设项目实施后对各种环境因素及其所构成的生态系统可能造成的影响，为决策提供科学依据。

第五条：国家鼓励有关单位、专家和公众以适当方式参与环境影响评价。

第十一条：专项规划的编制机关对可能造成不良环境影响并直接涉及公众环境权益的规划，应当在该规划草案报送审批前，举行论证会、听证会，或者采取其他形式，征求有关单位、专家和公众对环境影响报告书草案的意见。但是，国家规定需要保密的情形除外。

编制机关应当认真考虑有关单位、专家和公众对环境影响报告书草案的意见，并应当在报送审查的环境影响报告书中附具对意见采纳或者不采纳的说明。

（4）《环境影响评价公众参与暂行办法》相关规定

第四条：国家鼓励公众参与环境影响评价活动。公众参与实行公开、平等、广泛和便利的原则。

第七条：建设单位或者其委托的环境影响评价机构、环境保护行政主管部门应当按照本办法的规定，采用便于公众知悉的方式，向公众公开有关环境影响评价的信息。

第八条：在《建设项目环境分类管理名录》规定的环境敏

感区建设的需要编制环境影响报告书的项目，建设单位应当在确定了承担环境影响评价工作的环境影响评价机构后 7 日内，向公众公告下列信息：（一）建设项目的名称及概要；（二）建设项目的建设单位的名称和联系方式；（三）承担评价工作的环境影响评价机构的名称和联系方式；（四）环境影响评价的工作程序和主要工作内容；（五）征求公众意见的主要事项；（六）公众提出意见的主要方式。

第九条：建设单位或者其委托的环境影响评价机构在编制环境影响报告书的过程中，应当在报送环境保护行政主管部门审批或者重新审核前，向公众公告如下内容：（一）建设项目情况简述；（二）建设项目对环境可能造成影响的概述；（三）预防或者减轻不良环境影响的对策和措施的要点；（四）环境影响报告书提出的环境影响评价结论的要点；（五）公众查阅环境影响报告书简本的方式和期限，以及公众认为必要时向建设单位或者其委托的环境影响评价机构索取补充信息的方式和期限；（六）征求公众意见的范围和主要事项；（七）征求公众意见的具体形式；（八）公众提出意见的起止时间。

第十四条：公众可以在有关信息公开后，以信函、传真、电子邮件或者按照有关公告要求的其他方式，向建设单位或者其委托的环境影响评价机构、负责审批或者重新审核环境影响报告书的环境保护行政主管部门，提交书面意见。

第二十一条：除国家规定需要保密的情形外，对环境可能造成重大影响、应当编制环境影响报告书的建设项目，建设单位应当在报批建设项目环境影响报告书前，举行论证会、听证会，或者采取其他形式，征求有关单位、专家和公众的意见。

建设单位报批的环境影响报告书应当附具对有关单位、专家和公众的意见采纳或者不采纳的说明。

二、让历史不再重演
——世界重大环境污染事件回顾

第二次工业革命后，人类开始进入电气时代，人类大规模的生产活动迅速发展，第二次世界大战之后，伴随着第三次工业革命人类进入科技时代，重工业、化学工业、冶金工业快速发展。由于人类还没有意识到环境保护的重要性以及生产活动对环境的影响，在发展经济时没有注意加强环境的保护，给环境造成了严重的损害，给受害者造成了不可磨灭的痛苦，使很多人丧失了生命。

历史是一面镜子，它警示现在的人们，告诉我们不能重蹈

覆辙。一段环境污染历史事件，是一代甚至几代人的痛苦。打开尘封的历史，温故知新，更多的是让我们了解保护环境的重要性。回顾过去重大的环境污染事件，除去伤痛，了解过去，才能照亮未来前进的方向。

在历史面前，我们应该庆幸自己是幸运的，因为今天我们有机会、有能力预知环境的危害。然而，历史总是在不断重演，但这种重演绝不是简单的重复，它更多的时候是变本加厉。在环境面前，我们只有心存敬畏，理性反省大自然给予的恩惠并珍重它，才能维系我们的生存。

日本水俣病事件

1956 年，日本水俣湾出现的一种奇怪的病，其症状表现为轻者口齿不清、步履蹒跚、面部痴呆、手足麻痹、感觉障碍、视觉丧失、震颤、手足变形；重者神经失常，或酣睡，或兴奋，身体弯弓高叫，直至死亡。这种病症最初出现在猫身上，被称为"猫舞蹈症"。病猫步态不稳，抽搐、麻痹，甚至跳海死去，被称为"自杀猫"。随后不久，发现了患这种病症的人。

这种"怪病"是日后轰动世界的"水俣病"，是由日本氮肥公司把没有经过任何处理的废水排放到水俣湾中造成的，也是最早出现的由于工业废水排放污染造成的公害病。

"水俣病"的罪魁祸首是当时处于世界化工业尖端技术的氮生产企业。氮用于肥皂、化学调味料等日用品以及醋酸、硫酸等工业用品的制造上。日本的氮产业始创于 1906 年，其后由于化学肥料的大量使用而使化肥制造业飞速发展，甚至有人说"氮的历史就是日本化学工业的历史"，日本的经济成长是"在以氮为首的化学工业的支撑下完成的"。然而,这个"先驱产业"肆意的发展,却给当地居民及其生存环境带来了无尽的灾难。

氯乙烯和醋酸乙烯在制造过程中要使用含汞的催化剂,这使排放的废水含有大量的汞。当汞在水中被水生物食用后,会转化成甲基汞。这种剧毒物质只要有挖耳勺的一半大小就可以置人于死命,而当时由于氮的持续生产已使水俣湾的甲基汞含量达到了足以毒死日本全国人口2次都有余的程度。

当时,日本氮肥公司就是把没有经过任何处理的工业废水直接排放到水俣湾。由于常年的工业废水排放,水俣湾被严重污染了,水俣湾里的鱼虾类也因此被污染了。这些被污染的鱼虾通过食物链又进入了动物和人类的体内。甲基汞通过鱼虾进入人体,被肠胃吸收,侵害脑部和身体其他部分。进入脑部的甲基汞会使脑萎缩,侵害神经细胞,破坏掌握身体平衡的小脑和知觉系统。据统计,有数十万人食用了水俣湾中被甲基汞污染的鱼虾。

水俣病是直接由汞对海洋环境污染造成的公害,迄今已在很多地方发现类似的污染中毒事件,同时还发现其他一些重金属如镉、钴、铜、锌、铬等,以及非金属砷。它们的许多化学性质都与汞相近,这不能不引起人们的警惕,而另一种"骨痛病"的发生,经长期跟踪调查研究,最终确认这是一种重金属镉污染所致。

水俣病危害了当地人的健康和家庭幸福,使很多人身心受到摧残,经济上受到沉重的打击,甚至家破人亡。更可悲的是,由于甲基汞污染,水俣湾的鱼虾不能再捕捞食用,当地渔民的生活失去了依赖,很多家庭陷入贫困之中。

　　水俣病的遗传性也很强，孕妇吃了被甲基汞污染的海产品后，可能引起婴儿患先天性水俣病，就连一些健康者（可能是受害轻微，无明显病症）的后代也难逃厄运。许多先天性水俣病患儿，都存在运动和语言方面的障碍，其病状酷似小儿麻痹症，这说明要消除水俣病的影响绝非易事。由此，环境科学家认为沉积物中的重金属污染是环境中的一颗"定时炸弹"，当外界条件适应时，就可能导致过早爆炸。例如在缺氧的条件下，一些厌氧生物可以把无机金属甲基化。尤其近 20 年来大量污染物无节制地排放，已使一些港湾和近岸沉积物的吸附容量趋于饱和，随时可能引爆这颗化学污染"定时炸弹"。

　　在 1956 年确认日本氮肥公司的排污为病源之后，日本政府毫无作为，以至于该公司肆无忌惮地继续排污 12 年，直到 1968 年为止。后来，46 名受害者联合向日本最高法院起诉日本政府在水俣病事件中的不作为，并在 2004 年获得胜诉。

神东川骨痛病事件

　　1931 年，日本富山县神通川流域发现的一种土壤污染公害事件，因受害者周身剧痛为主要症状而得名为"骨痛病"。

　　骨痛病发病的主要原因是当地居民长期饮用受镉污染的河水，并食用此水灌溉的含镉稻米，致使镉在体内蓄积而造成肾损害，进而导致骨软症。该病潜伏期一般为 2 ~ 8 年，长者可达 10 ~ 30 年。初期，腰、背、膝、关节疼痛，随后遍及全身。疼痛的性质为刺痛，活动时加剧，休息时缓解，有髋关节活动障碍，步态摇摆。数年后骨骼变形，身长缩短，骨脆易折，患者疼痛难忍，卧床不起，呼吸受限，最后往往在衰弱疼痛中死亡。

从 1931—1972 年，共有 280 多名患者，死亡 34 人，还有一部分人出现可疑症状。这就是轰动世界的"骨痛病事件"。

在日本富川平原上有一条河叫神东川。多年来，两岸人民用河水灌溉农田，使万亩稻田飘香。自从三井矿业公司在神东川上游开设了炼锌厂后，发现有死草现象。1955 年以后就流行一种不同于水俣病的怪病，对死者解剖发现全身多处骨折，有的达 73 处，身长也缩短了 30 厘米。这种起初不明病因的疾病就是骨痛病。直到 1963 年，方才查明，骨痛病与三井矿业公司炼锌厂的废水有关。

原来，炼锌厂长年累月向神东川排放的废水中含有金属镉，农民引河水灌溉，便把废水中的镉转到土壤和稻谷中，两岸农民饮用含镉之水，食用含镉之米，便使镉在体内积存，最终导致骨痛病。

剧毒物污染莱茵河事件

1986 年 11 月 1 日深夜，位于瑞士巴塞尔市的桑多兹（Sandoz）化学公司的一个化学品仓库发生火灾，装有约 1 250 吨剧毒农药的钢罐爆炸，硫、磷、汞等有毒物质随着大量的灭火用水流入下水道，排入莱茵河。事后桑多兹公司承认，共有 1 246 吨各种化学品被扑火用水冲入莱茵河，其中包括 824 吨杀虫剂、71 吨除草剂、39 吨除菌剂、4 吨溶剂和 12 吨有机汞等。有毒物质形成 70 千米长的微红色飘带向下游流去。第二天，化工厂用塑料塞堵下水道。8 天后，塞子在水的压力下脱落，几十吨有毒物质流入莱茵河后，造成再一次的污染。

莱茵河是一条著名的国际河流，它发源于瑞士阿尔卑斯山圣哥达峰下，自南向北流经瑞士、列支敦士登、奥地利、德国、法国和荷兰等国，于鹿特丹港附近注入北海，全长 1 360 千米，流域面积 22.4 万平方千米。自古以来莱茵河就是欧洲最繁忙的水上通道，也是沿途几个国家的饮用水源。巴塞尔位于莱茵河湾和德国、法国两国交界处，是瑞士第二大城市，也是瑞士的化学工业中心，三大化工集团都集中在巴塞尔。

事故造成约 160 千米范围内多数鱼类死亡，约 480 千米范围内的井水受到污染影响不能饮用。污染事故警报传向下游瑞士、德国、法国、荷兰四国沿岸城市，沿河自来水厂全部关闭，改用汽车向居民定量供水。由于莱茵河在德国境内长达 865 千米，是德国最重要的河流，因而遭受损失最大。接近海口的荷兰，将与莱茵河相通的河闸全部关闭。法国和前西德的一些报纸将这次事件与印度博帕尔毒气泄漏事件、前苏联的切尔诺贝利核电站爆炸事件相提并论。

巴塞尔和卡尔斯鲁厄河段内 15 万条鳗鱼遭到无妄之灾，使这一河段内鳗鱼濒临绝迹。尤其令人始料不及的是，不仅大火带来了一场生态化学灾难，灭火本身也不例外地破坏了生态环境。灭火液遇高温起化学反应，生成有害气体。大量用来灭火的水通过排水道将 10 ~ 30 吨农药和至少 200 千克汞带入了邻近的莱茵河，几百千米内的生物逐渐死亡。300 英里处的井水不能饮用，德国与荷兰居民被迫定量供水，使几十年德国为治理莱茵河投资的 210 亿美元付诸东流。这次事故，给莱茵河沿岸国家带来直接经济损失高达 6 000 万美元，其旅游业、渔业及其他相关损失不可估计。

日本米糠油事件

1968 年 3 月，日本的九州、四国等地区的几十万只鸡突然死亡。经调查，发现是饲料中毒，但因当时没有弄清毒物的来源，也就没有对此进行追究。然而，事情并没有就此完结，当年 6—10 月，有 4 家人因患原因不明的皮肤病到九州大学附属医院就诊，患者初期症状为痤疮样皮疹，指甲发黑，皮肤色素沉着，眼结膜充血等。此后 3 个月内，又确诊了 112 个家庭 325 名患者，之后在全国各地仍不断出现。截至 1978 年，确诊患者累计达 1 684 人。这就是米糠油事件。

事件引起了日本卫生部门的重视。通过尸体解剖，在死者五脏和皮下脂肪中发现了多氯联苯。这是一种化学性质极为稳定的脂溶性化合物，可以通过食物链而富集于动物体内。多氯联苯被人畜食用后，多积蓄在肝脏等多脂肪的组织中，损害皮肤和肝脏，引起中毒。初期症状为眼皮肿胀，手掌出汗，全身起红疹，其后症状转为肝功能下降，全身肌肉疼痛，咳嗽不止，重者发生急性肝坏死、肝昏迷等，以致死亡。

专家从病症的家族多发性了解到食用油的使用情况，怀疑与米糠油有关。经过对患者共同食用的米糠油进行追踪调查，发现九州一个食用油厂在生产米糠油时，因管理不善，操作失误，致使米糠油中混入了在脱臭工艺中使用的热载体多氯联苯，造成食用油污染。由于被污染了的米糠油中的黑油被用做了饲料，还造成数十万只家禽的死亡。这一事件的发生在当时震惊了世界。

日本米糠油事件是由 POPs 所造成的典型污染事件，在当时造成了严重的生命和财产损失，造成了较大的社会恐慌。为了警示世人，避免重蹈覆辙，人们将其列为"世界八大环境公害事件"之一。但是令人遗憾的是，仅仅隔了 11 年的 1979 年，在我国的台湾省同样的悲剧再次上演，即"台湾油症事件"。

印度博帕尔事件

1984 年 12 月 3 日凌晨，印度博帕尔市的美国联合碳化物属下的联合碳化物（印度）有限公司设于贫民区附近一所农药厂储存液态异氰酸甲酯的钢罐发生爆炸，40 吨毒气很快泄漏，引发了 20 世纪最严重的一场灾难，造成了 2.5 万人直接致死，55 万人间接致死，另外有 20 多万人永久残废的人间惨剧。现在当地居民仍然因这一灾难患癌率及儿童夭折率远比其他印度城市高。由于这次事件，世界各国化学集团改变了拒绝与社区通报的态度，加强了安全措施。这次事件也导致了许多环保人士以及民众，都强烈反对将化工厂设于邻近民居的地区。

1969 年，美国联合碳化物公司在印度中央邦博帕尔市北郊建立了联合碳化物（印度）有限公司，专门生产滴灭威、西维因等杀虫剂。这些产品的化学原料是一种叫异氰酸甲酯(MIC)的剧毒气体。

事件发生后，根据印度政府公布的数字，在毒气泄漏后的头 3 天，当地有 3 500 人死亡。不过，印度医学研究委员会的独立数据显示，死亡人数在前三天其实已经达到 8 000 ~ 10 000 人，此后多年里又有 2.5 万人因为毒气引发的后遗症死亡。还有 10 万当时生活在爆炸工厂附近的居民患病，3 万人生活在饮用水被毒气污染的地区。

印度博帕尔毒气泄漏事件是人类历史上最严重的工业灾难之一。

马斯河谷烟雾事件

1930 年 12 月 1—5 日，整个比利时大雾笼罩，气候反常。由于特殊的地理位置，马斯河谷上空出现了很强的逆温层，雾层尤其浓厚。在这种逆温层和大雾的作用下，马斯河谷工业区内 13 个工厂排放的大量烟雾弥漫在河谷上空无法扩散，有害气体在大气层中越积越厚，其积存量接近危害健康的极限。第三天开始，在二氧化硫和其他几种有害气体以及粉尘污染的综合作用下，河谷工业区有上千人发生呼吸道疾病，症状是流泪、喉痛、声嘶、咳嗽、呼吸短促、胸口窒闷、恶心、呕吐，咳嗽与呼吸短促是主要发病症状。一个星期内就有 63 人死亡，是同期正常死亡人数的十多倍。死者大多是年老和有慢性心脏病与肺病的患者。许多家畜也未能幸免于难，纷纷死去。尸体解剖结果证实：刺激性化学物质损害呼吸道内壁是致死的原因，其他组织与器官没有毒物效应。

据费克特博士在 1931 年对这一事件所写的报告，推测大气中二氧化硫的浓度为 25 ~ 100 毫克 / 米^3（9 ~ 37 微克）。空气中存在的氧化氮和金属氧化物微粒等污染物会加速二氧化硫向三氧化硫转化，加剧对人体的刺激作用。而且一般认为是具有生理惰性的烟雾，通过把刺激性气体带进肺部深处，也起了一定的致病作用。

在马斯河谷烟雾事件中，地形和气候扮演了重要角色，与现在北京雾霾天气产生有点类似。从地形上看，该地区是一狭窄的盆地；气候反常出现的持续逆温和大雾，使得工业排放的污染物在河谷地区的大气中积累到有毒级的浓度。该地区过去有过类似的气候反常变化，但为时都很短，后果不严重。如1911 年的发病情况与这次相似，但没有造成死亡。值得注意的是，马斯河谷事件发生后的第二年即有人指出："如果这一现象在伦敦发生，伦敦公务局可能要对 3 200 人的突然死亡负责"。这话不幸言中。22 年后，伦敦果然发生了 4 000 人死亡的严重烟雾事件。这也说明造成以后各次烟雾事件的某些因素是具有共同性的。

这次事件曾轰动一时，虽然，类似这样的烟雾污染事件在世界很多地方都发生过，但马斯河谷烟雾事件却是 20 世纪最早记录下的大气污染惨案。

洛杉矶光化学烟雾事件

从 1943 年开始，洛杉矶每年从夏季至早秋，只要是晴朗的日子，城市上空就会出现一种弥漫天空的浅蓝色烟雾，使整座城市上空变得浑浊不清。

1943 年以后，烟雾更加肆虐，以致远离城市 100 千米以外的海拔 2 000 米高山上的大片松林也因此枯死，柑橘减产。在 1952 年 12 月的一次光化学烟雾事件中，洛杉矶市 65 岁以上的老人死亡达 400 多人。1955 年 9 月，由于大气污染和高温，短短两天之内，65 岁以上的老人死亡又达 400 余人，许多人出现眼睛痛、头痛、呼吸困难等症状。1970 年，约有 75% 的市民患上了红眼病。

当时，洛杉矶就拥有 250 万辆汽车，每天大约消耗 1 100

吨汽油，排出 1 000 多吨碳氢化合物，300 多吨氮氧化合物，700 多吨一氧化碳。另外，还有炼油厂、供油站等其他石油燃烧排放，这些化合物被排放到阳光明媚的洛杉矶上空，不亚于制造一个毒烟雾工厂。这种烟雾使人眼睛发红，咽喉疼痛，呼吸憋闷、头昏、头痛。

这种烟雾是由于汽车尾气和工业废气排放造成的，一般发生在湿度低、气温在 24 ～ 32℃的夏季晴天的中午或午后。汽车尾气中的烯烃类碳氢化合物和二氧化氮被排放到大气中后，在强烈的阳光紫外线照射下，会吸收太阳光所具有的能量。这些物质的分子在吸收了太阳光的能量后，会变得不稳定起来，原有的化学链遭到破坏，形成新的物质。这种化学反应被称为光化学反应，其产物为含剧毒的光化学烟雾。

光化学烟雾可以说是工业发达、汽车拥挤的大城市的一个隐患。20 世纪 50 年代以后，世界上很多城市都不断发生过光化学烟雾事件。人们主要在改善城市交通结构、改进汽车燃料、安装汽车排气系统催化装置等方面做着积极的努力，以防患于未然。

多诺拉烟雾事件

1948 年 10 月 26～31 日，位于美国宾夕法尼亚州的多诺拉小镇，由于小镇上的工厂排放的含有二氧化硫等有毒有害物质的气体及金属微粒在气候反常的情况下聚集在山谷中积存不散，这些毒害物质附在悬浮颗粒物上，严重污染了大气。

多诺拉是美国宾夕法尼亚州的一个小镇，位于匹兹堡市南边 30 千米处，有居民 1.4 万多人。多诺拉镇坐落在一个马蹄形河湾内侧，两边高约 120 米的山丘把小镇夹在山谷中。多诺拉镇是硫酸厂、钢铁厂、炼锌厂的集中地，多年来，这些工厂的烟囱不断地向空中喷烟吐雾，以致多诺拉镇的居民们对空气中的怪味都习以为常了。

当时，持续的雾天使多诺拉镇看上去格外昏暗。气候潮湿寒冷，天空阴云密布，一丝风都没有，空气失去了上下的垂直移动，出现逆温层现象。在这种静风状态下，工厂的烟囱却没有停止排放，就像要冲破凝固了的大气层一样，不停地喷吐着烟雾。两天过去了，天气没有变化，只是大气中的烟雾越来越厚重，工厂排出的大量烟雾被封闭在山谷中。空气中散发着刺鼻的二氧化硫气味，令人作呕。空气能见度极低，除了烟囱之外，工厂都消失在烟雾中。

人们在短时间内大量吸入这些有害的气体，引起各种症状，仅有 14 000 多人的小镇就有 6 000 多人眼痛、喉咙痛、头痛胸闷、呕吐、腹泻，20 多人死亡。死者年龄多在 65 岁以上，大都原来就患有心脏病或呼吸系统疾病，情况和当年的马斯河谷事件相似。

多诺拉烟雾事件发生的主要原因，是由于小镇上的工厂排放的含有二氧化硫等有毒有害物质的气体及金属微粒在气候反常的情况下聚集在山谷中积存不散，这些毒害物质附着在悬浮颗粒物上，严重污染了大气。

伦敦烟雾事件

1952 年 12 月 5 日开始，逆温层笼罩伦敦，城市处于高气压中心位置，垂直和水平的空气流动均停止，连续数日空气寂静无风。当时，伦敦冬季多使用燃煤采暖，市区内还分布有许多以煤为主要能源的火力发电站。由于逆温层的作用，煤炭燃烧产生的二氧化碳、一氧化碳、二氧化硫、粉尘等污染物在城市上空蓄积，引发了连续数日的大雾天气。期间由于毒雾的影响，不仅大批航班取消，甚至白天汽车在公路上行驶都必须打开大灯。行人走路都极为困难，只能沿着人行道摸索前行。

由于大气中的污染物不断积蓄，不能扩散，许多人都感到呼吸困难，眼睛刺痛，流泪不止。伦敦医院由于呼吸道疾病患者剧增而一时爆满，伦敦城内到处都可以听到咳嗽声。

有一场牛展览会正在伦敦主办，参展的牛最先对烟雾产生了反应，350 头牛有 52 头严重中毒，14 头奄奄一息，1 头当场死亡。不久，伦敦市民也对毒雾产生了反应，许多人感到呼吸困难、眼睛刺痛，发生哮喘、咳嗽等呼吸道症状的病人明显增多，进而死亡率陡增。据史料记载从 5 日到 8 日的 4 天里，伦敦市死亡人数达 4 000 人。根据事后统计，在发生烟雾事件的一周中，48 岁以上人群死亡率为平时的 3 倍；1 岁以下人群的死亡率为平时的 2 倍。在这一周内，伦敦市因支气管炎死亡 704 人，冠心病死亡 281 人，心脏衰竭死亡 244 人，结核病死亡 77 人，分别为前一周的 9.5 倍、2.4 倍、2.8 倍和 5.5 倍，此外肺炎、肺癌、流行性感冒等呼吸系统疾病的发病率也有显著增加。

1952 年 12 月 9 日之后，由于天气变化，毒雾逐渐消散，但在此之后两个月内，又有近 8 000 人因为烟雾事件而死于呼吸系统疾病。事件之后伦敦市政当局开始着手调查事件原因，但未果。此后的 1956 年、1957 年和 1962 年又连续发生了多达 12 次严重的烟雾事件。

1952 年的事件引起了民众和政府当局的注意，使人们意识到控制大气污染的重要意义，并且直接推动了 1956 年英国洁净空气法案的通过。1952 年伦敦烟雾事件被环保主义者看作是 20 世纪重大环境灾害事件之一，并且作为煤烟型空气污染的典型案例出现在多部环境科学教科书中。直到 1965 年后，有毒烟雾才从伦敦销声匿迹。

第五章

课外环境

一、大电影：感受环境正义

　　不见蓝天的厚重雾霾、被砍伐得只剩最后一片绿洲的山林、大草原上接连的大煤坑、被污染成五光十色的湖水，我们的环境正在遭受破坏。2013年著名导演冯小刚先生贺岁片——以"替他人圆梦"为业务的《私人定制》，圆了定制人的梦后，在影片结尾，主要演员葛优、白百何、李小璐、郑恺分别面对雾霾、污染、林毁、地陷等环境问题，分别向大自然郑重道歉，向观众传递环境保护的紧迫性和重要性，通过电影为我们敲响警钟。

永不妥协

类型：环境维权

污染源：六价铬

导演：史蒂文·索德伯格

主要演员：朱莉娅·罗伯茨、阿尔伯特·芬尼、艾伦·艾克哈特

上映时间：2000 年

故事简介：

埃琳·布罗克维奇（朱莉娅·罗伯茨饰）是一位经历了两次离婚并拖着三个孩子的单身母亲，在一次十分无奈的交通事故之后，这个一贫如洗、既无工作也无前途的可怜妇女几乎到了走投无路的绝境。万般无奈之下，埃琳只得恳求自己的律师埃德·马斯瑞（阿尔伯特·芬尼饰）雇用她，在律师事务所里打工度日。一天，埃琳在一堆有关资产和债务的文件中，很偶然地发现了一些十分可疑的医药单据，这引起了她的困惑和怀

疑。在埃德的支持下，埃琳开始展开调查，并很快找到线索，发现了当地社区隐藏着的重大环境污染事件，一处非法排放的有毒污水中的六价铬正在损害居民的健康，是造成一种致命疾病的根源。可怕的是居民们对此并未察觉，甚至起初对埃琳的结论表示怀疑。但是不久他们就被埃琳的执著和责任感打动了。大家在一个目标下紧紧地团结了起来，埃琳用自己的行动赢得了全体居民的信任，成了他们的核心和代言人。邻居乔治（艾伦·艾克哈特饰）在整个事件中是埃琳的一名坚定的支持者，他俩的爱情成了支持埃琳的重要精神支柱。埃琳挨家挨户地做动员工作，终于得到了 600 多个人的签名支持。埃琳和埃德在一家大型法律事务机构的帮助下，终于使污染事件得到了令人满意的赔偿，创造了美国历史上同类民事案件的赔偿金额之最，达 3.33 亿美元。埃琳正是用自己的无比坚韧的毅力，克服难以想象的困难，向世人证明了一个"弱女子"的价值，在人生的道路上开辟了一片新的天地。

曾经的选美皇后，竟然做了六年黄脸婆，这样的牺牲带来的是两度离婚，存款不足 100 美元，电话费交不起，被各种账单催着。但她的善良，她的怜悯，她的真诚直率，她的毅力，全力以赴，让她终于获得大家的尊重，走向成功。

迁徙的鸟

类型：生物多样性
导演：雅克·贝汉
主要演员：雅克·贝汉
上映时间：2001 年

故事简介：

候鸟迁移的过程艰辛万分，既要克服长途飞行的辛劳，也要克服大自然严峻的挑战。那种面对逆境不屈不挠的精神，甚是值得人们学习，实为现今人生应有的态度。故事重点环绕候鸟南迁北移的旅程，讲述候鸟如何克服自然环境，在大风沙中寻找出正确方向、在冰天雪地中保护自己、在汪洋浩瀚海洋中猎食……如此困窘，候鸟都要逐一克服，逐一面对。大天鹅要飞越 1 200 公里的长途旅程，它那份对生命的坚持，对子女的照顾，叫人尊敬。沙丘鹤在漫天风沙中追寻出路，要面对酷热天气的考验，也要抵御大风沙的摧残，全都默默承受，挺着胸与大自然作战到底，目的只有一个，就是要找到出路，活出精彩。企鹅在冰天雪地里仍要与海鸥对抗到底，保护企鹅幼崽的安全，尽管当中满是失败气馁，但仍坚强支撑下去，面对亲情，自身的安危也显得微不足道。

后天

类型：气候变化

导演：罗兰·艾默里奇

主要演员：丹尼斯·奎德、杰克·吉伦哈尔、伊安·霍姆

上映时间：2004 年

故事简介：

影片描绘的是以美国为代表的地球一天之内突然急剧降温，进入第二次冰河世纪的科幻故事。故事中，气候学家杰克·霍尔（丹尼斯·奎德饰）在观察史前气候研究后指出，温室效应带来的全球暖化将会引发地球空前灾难。他根据观察和研究史

前气候的规律，提出严重的温室效应将造成气温剧降，地球将再次进入冰河时期的假设。结果，这个预言变成了现实，龙卷风、海啸和暴风雪接踵而至，人类陷入了一场空前的末日浩劫。霍尔教授告诉美国总统向全球宣布北纬 30 度以南的居民向赤道附近撤离，以北的居民要做好保暖。与此同时，霍尔得知他的儿子山姆不顾危险居然一个人前往天灾侵袭中的纽约营救女友，他也奋不顾身地前往冰雪覆盖下的北方地区进行救援，在救援与被救的过程中，电影细腻地交织了父子之间的动人情感和大灾难下人们所表达出来的真挚感情。

可可西里

类型：野生动物保护

导演：陆川

主要演员：多布杰、张磊、亓亮

上映时间：2004 年

故事背景：

影片根据一些真实故事改编而来，故事发生地可可西里，位于中国版图的西部、青藏高原的中心地带。1985 年以前，可可西里生活着大约一百万只珍贵的高原动物藏羚羊，不过随着欧洲和美洲市场对莎图什披肩的需求增加，导致了其原料藏羚羊绒价格暴涨，中国境内的可可西里无人区爆发了对藏羚羊的血腥屠杀，各地盗猎分子纷纷涌入可可西里猎杀羚羊。短短几年间，数百万藏羚羊几乎被杀戮殆尽，现在可可西里大约只残存有不到两万只藏羚羊。从 1993 年起，可可西里周边地区的藏族人和汉族人在队长索南达杰的领导下，组成了一支名为野牦牛队的巡山保护队，志愿进入可可西里进行反盗猎行动。在前后五年多的时间中，野牦牛队在可可西里腹地和盗猎分子进行了无数次浴血奋战，两任队长索南达杰和扎巴多杰先后牺牲。

故事简介：

美丽寂寥的可可西里安睡在宁静中。突然，枪声打破宁静，保护站上的巡山队员被盗猎者残杀，鲜血染红戈壁，又一批藏羚羊群惨遭屠戮……

一定要抓到盗猎者！巡山队长日泰下了死命令。巡山队连夜紧急出发，闯进了正在流血的可可西里。但是盗猎者如同鬼影般忽然消失在稀薄的空气中，留下的只是成百上千具剥去皮毛的藏羚羊尸骨……

巡山队员在遍布危险的茫茫大戈壁上奋力追踪。终于，盗猎者出现在冰河对岸，队员们不顾一切地冲入湍急的冰河之中。一场生死搏斗之后，只捕获了一些盗猎分子，狡猾的盗猎头子再次漏网……

尕玉（张磊饰）本来是个警察，为了调查藏羚羊猎杀状况，他假扮记者身份，随考察团来到可可西里——那里气候寒冷、空气稀薄，含氧量极低。就在这个人类生存的"禁区"，尕玉目睹了一幕幕人性的贪婪以及人类与环境的狂暴冲突。首先是藏羚羊保护站的巡山队员被盗猎人枪杀，接下来他们见到了悲惨的一幕：盗猎者逃走，只留下众多仅剩嶙峋白骨的藏羚羊。巡山队员在恶劣的环境中追捕凶手，最终只夺回了一部分的藏羚羊皮毛。一方面要与恶劣的自然环境抗争，另一方面还要与凶残的盗猎者周旋，巡山队员和尕玉面临着生死考验。

快乐的大脚

类型：生物多样性

导演：George Miller、Warren Coleman

主要演员：罗宾·威廉斯、休·杰克曼、伊利亚·伍德、妮可·基德曼

上映时间：2006 年

故事简介：

玛宝是帝企鹅家族中的另类分子，经常受到排挤歧视——不会唱歌是一件丢人的事情，而玛宝恰恰是这样的企鹅。但是，他格外擅长舞蹈，舞技超群的绝艺却没有带给他幸运，铁面领袖把他赶出了族门。玛宝在外面的世界流浪，却碰上了另一个族群：阿德利企鹅。他们惊叹于玛宝的舞步，邀请他前去舞会狂欢。在前往舞会路上，玛宝遇到了一个踩着摇滚舞步的流浪者，他指引玛宝去解开心中的谜团：为什么企鹅食物会越来越少，为什么海平面有大型的铁皮船，为什么船上的人对企鹅残暴不仁。于是玛宝追踪一艘铁壳船，闯入了人类的世界，展开的一系列趣事。

行星地球

类型：环境

官方网站：www.planet-earth.com

主要演员：David Attenborough

上映时间：2006 年

故事简介：

《行星地球》（又译：地球脉动）是 BBC 制作的又一个经典系列，是对我们生活的这个世界——我们的行星地球的一次惊人的探察。

生态纪录片权威大师戴维艾汀堡禄爵士带您深入体验您所熟悉却又陌生的地球。

这是对地球空前绝后的礼赞，拥抱地球上的不可思议的美景和自然生物。《行星地球》对地球生物多元性，做了一次权威性的观察。

BBC 曾经制作出《蓝色星球》的纪录片摄影团队，再次集结奉上了这部堪称难以超越的经典纪录片《行星地球》。从南极到北极，从赤道到寒带，从非洲草原到热带雨林，再从荒凉峰顶到深邃大海，难以数计的生物以极其绝美的身姿呈现在世人面前。我们看到了 Okavango 洪水的涨落及其周边赖以生存的动物们的生存状态；看到了罕见的雪豹在漫天大雪中猎食的珍贵画面；看到了冰原上企鹅、北极熊、海豹等生物相互依存的严苛情景，也见识了生活在大洋深处火山口高温环境下的惊奇生物。当然还有地球各地的壮观美景与奇特地貌，无私地将其最为光艳的一面展现出来。

本片共计 11 集，期间还采用美国军方发明的空中摄影机拍摄，可从一公里外拍摄某物体的超清晰特写。

难以忽视的真相

类型：气候变化

导演：戴维斯·古根海姆

主要演员：艾伯特·戈尔

上映时间：2006 年

故事背景：

《难以忽视的真相》是一部气候变迁及预测纪录片，同时，还穿插了戈尔的个人活动。透过巡回全球的简报发表，戈尔指出全球变暖的科学证据，讨论全球变暖经济和政治的层面，并阐述他相信人类制造的温室气体若没有减少，在不久后全球气候将发生重大变化。

电影包含许多段落是为了反驳认为全球变暖不明显或尚未被证实的人。例如，戈尔探讨了格陵兰或南极洲冰床溶解的风险，可能使全球海平面升高近 6 米，沿海地区将会被淹没，也会让约一亿人因此成为难民。格陵兰冰雪融化后的水盐分含量较低，可能会中断湾流而造成北欧地区气温骤降。

为了解释全球变暖现象，电影引用了对南极洲冰层中心样本在过去 65 万年间的温度和二氧化碳含量数值的检测。飓风卡特里娜也被用来推论 9 ～ 14 米高的海浪对沿岸地区造成的破坏。

戈尔在纪录片的最后说道，若是尽快采取适当的行动，例如减少二氧化碳的排放量并种植更多植物，将能阻止全球变暖带来的影响。戈尔也告诉观众如何能帮助减缓暖化现象。

二、品读经典，启迪智慧
——环境经典著作推荐

培根曾说过一句话：读史使人明智，读诗使人灵秀，数学使人周密，科学使人深刻，伦理学使人庄重，逻辑修辞之学使人善辩。那么，读环境经典著作，必将使人站得更高，看得更远、更清晰。

我们知道，目前环境污染和生态破坏形势十分严峻，除了环境违法外，更多的是观念的缺乏。

观念的缺乏，说明我们缺乏对环境的认知，没有环境知识，何以形成环境观念。所以，哪怕是读一本《只有一个地球：对一个小小行星的关怀和维护》、一本《增长的极限》，多少也会对环境保护的紧迫性、必要性产生深刻的认识。当我们明白，环境就像水一样对于我们生命的价值，我们就会在观念之上采取切实的行动。

从经典的环境著作中，我们能了解人类社会发展与资源环境的历史轨迹。人类社会发展到今天，科学技术的应用与发展，人们对生活需求越来越多、越来越高。为了满足这些不断增长的需求，势必消耗更多的资源以生产更多的东西或产品，这给环境带来沉重的负担，影响到人类的生存与发展，甚至给人类造成巨大的灾难。这些作者、学者让我们一次又一次理性思考我们现在的生活，思考我们要为后世留下什么。

《寂静的春天》

作者简介：蕾切尔·卡逊，1907
年生于宾夕法尼亚州泉溪镇，在那儿
度过童年。1935 年至 1952 年间供职
于美国联邦政府所属的鱼类及野生生
物调查所，接触到许多环境问题。在
此期间，她曾写过一些有关海洋生态
的著作，如《在海风下》《海的边缘》
和《环绕着我们的海洋》，这些著作
使她获得了第一流作家的声誉。

《寂静的春天》1962 年在美国问世，当时是一本很有争
议的书。然而就是因为争议，才引发了人类对环境问题的思考。
后来美国副总统阿尔·戈尔把这本书的影响与《汤姆叔叔的小
屋》等同起来，评价说，"两本珍贵的书都改变了我们的社会"。

《寂静的春天》第一次对这一人类意识的绝对正确性提出
了质疑，同时，引发了当时很多专家、学者的反对。因为，在
20 世纪 60 年代以前的报纸或书刊，你将会发现几乎找不到"环
境保护"这个词，人们对环境保护还没有意识。随着对《寂静
的春天》作者蕾切尔·卡逊的批判，人们开始从环境的角度来
思考工业化造成的一些现实的问题。所以说《寂静的春天》是
一本引发了全世界环境保护事业的书。

戈尔还说，"《寂静的春天》对我个人的影响是相当大
的，它是我们在母亲的建议下在家里读的几本书之一，并且我
们在饭桌旁进行讨论。"这足以说明这本书的发行量和关注程

度。这本不寻常的书，它在世界范围内引起人们对 DDT 和野生动物的关注，唤起了人们的环境意识，激发了公众对环境热情，促使各国政府开始正视环境问题，随后各种环境保护组织纷纷成立，后来的"罗马俱乐部"就是以此为开端的。联合国也于 1972 年 6 月 12 日在斯德哥尔摩召开了"人类环境大会"，并由各国签署了"人类环境宣言"，开始了人类环境保护事业。

《增长的极限》

作者简介：本书是由罗马俱乐部、波托马克学会和麻省理工学院研究小组联合出版。由麻省理工学院研究小组具体担任研究工作，是罗马俱乐部提交给国际社会的第一个报告。丹尼斯·米都斯博士是美国麻省理工学院研究小组成员、指导者。报告于 1972 年公开发表。

《增长的极限》是一份报告，也是一座丰碑，它提出的人口问题、粮食问题、资源问题和环境污染问题，现在听起来不过是平凡的道理，但在那时高速发展的西方世界，这份报告就是危言耸听，就是荒诞不经。尽管如此，西方社会对"增长的极限来自于地球的有限性""反馈环路使全球性环发问题成为一个复杂的整体""全球均衡状态是解决全球性环发问题的最终出路"等问题还是非常谨慎。在不断讨论和辩论过程中，人们对于"只有一个地球，而其适合人类生存的条件又是非常有限的""地球是有限的，人类必须自觉地抑制增长，否则随之而来的将是人类社会的崩溃"等涉及将来的全人类的问题进行认真的思考。这份报告被西方媒体称作"70年代的爆炸性杰作"。报告自1972年公开发表，前后出版1 000万册，成为迄今为止世界最具影响力的研究报告。

面对气候的变暖、环境的恶化、资源的枯竭，米都斯等人思考若干年后人类将如何生存。报告论述了现代社会人们无止境地追求经济和效益的增长，而忽视环境的承载力和人类社会的可持续发展，第一次向人们展示了在一个有限的星球上无止境地追求增长所带来的后果。同时，将人类引导到可持续发展的理性思考和研究。因此，《增长的极限》并非像大多数人所普遍认为的那种人类未来悲观论的代表力作，相反它却体现了一种清醒的乐观主义，而且还因此为可持续发展理论奠定了坚实基础。

《只有一个地球》

作者简介：芭芭拉·沃德，经济学家，著述甚多，其作品有《改变世界的五种理想》《印度和西方》《富国与贫国》《民族主义意识形态》以及《高低不平的世界》等。沃德女士是哥伦比亚大学艾伯特·施韦策"国际经济发展"讲座的教授。她丈夫罗伯特·杰克逊爵士是经济学家，联合国发展规划的高级顾问。

勒内·杜博斯，是著名的微生物学家和实验病理学家，又

因富于著述而成为著名的人文学家，其主要代表作品有《人类适应性》《人类、医学和环境》《人类是这样一种动物》等。后者使他于 1969 年获得了普利策奖。他的另外两部著作《理智的觉醒》和《内心的上帝》也于 1972 年问世。他在洛克菲勒大学任职 44 年，1971 年退休，但仍继续从事写作和讲学工作。

　　《只有一个地球》是一本由英国经济学家芭芭拉·沃德和美国微生物学家勒内·杜博斯受联合国人类环境会议秘书长莫里斯·斯特朗的委托创作的，讨论全球环境问题的著作，于1972 年在斯德哥尔摩召开的联合国人类环境会议上发表，并作为非官方式的背景资料。因此，斯德哥尔摩的这次会议也将"只有一个地球"作为响亮口号，呼吁人类应该珍惜资源，保护地球。由该书改编的课文《只有一个地球》被编入人教版小学六年级上册第 13 课。

　　报告指出人类所面临的环境问题，呼吁各国人民重视维护人类赖以生存的地球。报告为 1972 年第一届人类环境会议的成功做出了重要的贡献。《只有一个地球》的副标题是"对一个小小行星的关怀和维护"。作为一部非官方文件，作者们从整个地球的发展前景出发，从社会、经济和政治的不同角度，评述经济发展和环境污染对不同国家产生的影响。书中内容分为五个部分。

　　《只有一个地球》作为 1972 年联合国人类环境会议的背景材料，材料由 40 个国家提供，并在 59 个国家 152 名专家组成的通信顾问委员会协助下完成。全书从整个地球的发展前景出发，从社会、经济和政治的不同角度，评述经济发展和环境污染对不同国家产生的影响，呼吁各国人民重视维护人类赖以

生存的地球。该书已经译成多种文字出版，对于推动各国环境
保护工作有广泛影响。

《我们共同的未来》

　　《我们共同的未来》是世界环境与发展委员会关于人类未来的报告。联合国于 1983 年 12 月成立了由挪威首相布伦特兰夫人为主席的"世界环境与发展委员会"，对世界面临的问题及应采取的战略进行研究。1987 年，"世界环境与发展委员会"发表了影响全球的题为《我们共同的未来》的报告。同年 2 月，
在日本东京召开的第 8 次世界环境与发展委员会上通过，后又经第 42 届联大辩论通过，于 1987 年 4 月正式出版。中文译本于 1989 年出版。

　　报告以"持续发展"为基本纲领，以丰富的资料论述了当今世界环境与发展方面存在的问题，提出了处理这些问题的具体的和现实的行动建议。报告的指导思想是积极的，对各国政府和人民的政策选择具有重要的参考价值。报告分为三个部分：共同的关切、共同的挑战、共同的努力。报告将注意力集中于人口、粮食、物种和遗传、资源、能源、工业和人类居住等方面，系统探讨了人类面临的一系列重大经济、社会和环境问题之后，这份报告鲜明地提出了三个观点：

　　1. 环境危机、能源危机和发展危机不能分割；

2.地球的资源和能源远不能满足人类发展的需要；

3.必须为当代人和下代人的利益改变发展模式。

在此基础上报告提出了"可持续发展"的概念。报告深刻指出，在过去，我们关心的是经济发展对生态环境带来的影响，而现在，我们正迫切地感到生态的压力对经济发展所带来的重大影响。因此，我们需要有一条新的发展道路，这条道路不是一条仅能在若干年内、在若干地方支持人类进步的道路，而是一直到遥远的未来都能支持全球人类进步的道路。这一鲜明、创新的科学观点，把人们从单纯考虑环境保护引导到把环境保护与人类发展切实结合起来，实现了人类有关环境与发展思想的重要飞跃。

《我们需要一场变革》

作者简介：曲格平，1930 年生，山东省肥城人。教授，著名环境科学家，现任中华环境保护基金会理事长。1972 年作为中国政府代表团成员出席了在斯德哥尔摩召开的第一次人类环境会议，从此即献身于环境保护事业。1976 年后历任中国常驻联合国环境规划署首席代表、国务院环境保护领导小组办公室副主任、城乡建设环境保护部环境保护局局长、国家环境保护局局长、全国人大常务委员会委员、全国人大环境与资源保护委员会主任委员，是中国环境保护管理机构的创建者和领导者之一。他系统地提出了适合中国国情的、具有独创性的环境保护理论，著有《中国的环境问题及对策》《中国的环境管理》《中国的环境与发展》《世界环境问题的发展》《我们需要一场变革》等书籍。1987 年获"联合国环境规划署金质奖章"；1992 年 6 月在里约联合国环境与发展大会期间获联合国环境大奖；1993 年获中国首届绿色科技特别奖；1995 年获荷兰王储颁发的"金方舟"大奖；1999 年获日本国际环境奖——"蓝色星球奖"；2001 年获世界自然基金会"爱丁堡公爵保护奖"。

《我们需要一场变革》精选其 20 多年来不同时期有较大影响的作品，可以看成是对中国当代环境保护历史的系统回顾。

20—21 世纪，人类社会一方面取得了巨大的物质成就，同时也面临着空前的危机：人口膨胀、资源耗竭、环境恶化、粮食短缺……所有这一切，对人类的生存和发展构成了严重威胁。

由于人类活动，毁林开荒，过度放牧，致使世界上许多地区的森林、草原受到破坏，水土流失日益加剧，沙漠化不断扩展，自然灾害频繁发生。由于工业生产无禁止地排放污染物，致使城市上空不再明净，河流湖泊不再清澈，污染事故接连发生，人民的身体健康和生命安全受到威胁。由于人类排放的二氧化碳等温室气体不断增多，已使地球的气温急剧升高，热浪酷暑接连出现。不久的将来，将有可能导致两极冰雪融化，海平面上升，一些岛屿国家将有可能遭受灭顶之灾，世界沿海地区 30 亿人口也将濒临海水入侵的危境。此外，臭氧层破坏、生物多样性减少、酸雨蔓延等环境问题的日益加重，也给人类的前景增添了暗淡的色彩。

　　我们需要一场变革，生存还是毁灭？这取决于人类的最终选择，为了人类的可持续生存，我们需要一场变革，改变我们的观念、改变我们的发展方式和生活方式。

《自然的终结》

　　作者简介：比尔·麦克基本，1960 年出生于美国加利福尼亚，哈佛大学毕业，后在纽约工作成为自由撰稿人。美国著名的环境保护主义理论家。他在《纽约人》《纽约时报》等知名报刊发表了数百篇有关自然的文章，在美国引起了巨大的反响。他广博的知识以及在哲学、自然科学方面的造诣，确定了他在环境科学领域的重要地位，被认为是与梭罗、卡逊齐名的环保作家。20 世纪 80 年代以来先后出版了《信息遗失的时代》《可能是一个：关于小家庭的个人与环境讨论》等多部论著。《自然的终结》是他最有影响的代表作。

　　《自然的终结》写于 20 世纪 80 年代末，是一部关于温室效应引起的全球变暖的诸多后果的优美、诙谐和悲剧性的著作，分为两个部分："现实"和"不远的将来"。

　　作为人类正确的选择，《自然的终结》提出一个重要的观点：人可以选择，可以选择奢侈和继续现在的生活方式，也可以选择另外的一种——考虑自然的因素。有人在推荐这本书的时候曾说过，《自然的终结》可能会使你改变观念和想法，也可能会使你激动和兴奋。但是，在读过此书之后，你心中的世界将一定会与从前大不相同。

理性对待追求并获得物质财富作为生活的目标，过有节制的、朴素的、美好的、充实的生活，远离豪华的汽车、更大、更宽敞的房子、更多的国际旅行、更奢侈的消费、更多的财富……这些让自然终结的非理性生活方式，更谨慎地对待自然，维系人类可持续生存。

《崩溃：社会如何选择成败兴亡》

作者简介：贾雷德·戴蒙德，1937 年生于美国东部城市波士顿。现任加利福尼亚大学洛杉矶分校医学院生理学教授，美国艺术与科学院、国家科学院院士、美国哲学学会会员，是当代少数几位探究人类社会与文明的思想家之一。 以生理学开始其科学生涯，进而研究演化生物学和生物地理学。他最著名的作品《枪炮、病菌与钢铁》发表于 1997 年，获 1998 年美国普利策奖和英国科普图书奖。

人类历史上，一个国家、一个社会面对复杂的环境，无法做出正确的应对和决策时，往往会走向崩溃。而发生在索马里和卢旺达等地的悲剧，也警示着我们，即便拥有现代科学和管理技术的当今社会，一旦决策错误，也很可能会堕入灾难性的后果之中。《崩溃：社会如何选择成败兴亡》就是这样一本书，通过对失败的比较案例研究，试图为当今的人类社会提供一条生存与发展之道。

《崩溃：社会如何选择成败兴亡》是一部优秀的著作。戴蒙德预料人类所面临的问题已经非常严重，所以他把环境问题放在了人类的文明体系中去考量，从历史的视角，把坚持环境保护作为社会兴盛的主要举措进行深入认证。全书列举了古代、今天社会各种文明，分析其成败兴亡的规律，最后总结出关键在于如何正确处理人类与环境的关系问题，如果一个社会失去了原有自然资源基础，就必然面临崩溃和文明消逝。寅吃卯粮，最终导致的也是崩溃。玛雅文明为什么会9世纪遭受旱灾重创、复活节岛为什么如今一棵树都没有等这些有关文明消逝，以及对日本德川幕府时代推行的一系列环保政策和举措成就今世日本的考证，将会更新我们的原有认识。

《瓦尔登湖》

作者简介：亨利·戴维·梭罗，美国作家、思想家、自然主义者。代表作《瓦尔登湖》和论文《论公民的不服从权利》。1817年出生于波士顿，父亲是小业主。20岁哈佛大学毕业，曾任教师，从事过各种体力劳动。在学生时代与拉尔夫·沃尔多·爱默生相识，在爱默生的影响下，阅读柯尔律

治、卡莱尔等人的著作，研究东方的哲学思想，同时以爱默生倡导"自助"精神进行思考，形成了一套独立见解，并根据他在大自然中的体验写作。他是 19 世纪超验主义运动的重要代表人物。

《瓦尔登湖》1854 年出版，书中详尽地描述了梭罗在瓦尔登湖湖畔一片再生林中度过两年又两个月的生活以及期间他的许多思考。这本书宣扬的是崇尚简朴生活、热爱大自然的人文思想，内容丰富，意义深远，语言生动，意境深邃。对于今天的世界，梭罗给我们指出了如何好好地活着、快快乐乐地活着的方向，将你引领进入一个澄明、恬美、素雅的世界。

瓦尔登湖地处美国马萨诸塞州东部的康科德城，离梭罗家不远。梭罗把这次经历称为简朴隐居生活的一次尝试，是与大自然融为一体，感知自然田园生活、重塑自我的奇妙历程。这是一本清新、健康、引人向上的书。它向世人揭示了作者在回归自然的生活实验中所发现的人生真谛——如果一个人能满足于基本的生活所需，其实便可以更从容、更淡定地享受人生。

《瓦尔登湖》自 1978 年被翻译成中文出版以来，已经被37 人翻译，分别由 40 多家出版社出版，足见该书的影响力。

《哲学走向荒野》

作者简介：霍尔姆斯·罗尔斯顿，1933 年出生于美国弗吉尼亚州的谢南多厄峡谷，先后在美国北卡罗来纳州戴维森学院获得物理学学士学位，在英国爱丁堡大学获得神学博士学位，现为美国科罗拉多州立大学杰出哲学教授。他是国际环境伦理学会与该会会刊《环境伦理学》的创始人，美国国会和总统顾问的生态哲学的开拓者和奠基者。
罗尔斯顿学术造诣精深，出版过 6
部学术专著。其中近年出版的除《哲
学走向荒野》外，还有《科学与宗
教》《环境伦理学》和《保护价值》；
主编过《生物学、伦理学与生命的
起源》学术文集；为 50 多本相关领
域的学术著作撰写过部分篇章；发
表学术论文 70 多篇。他的论著被译
为多种文字出版。

　　《哲学走向荒野》是罗尔斯顿的一部文集，汇集了作者从
1968 年到 1985 年近 20 年中有关人与自然关系的代表性论文
共 15 篇，分为 4 编，主要讲述了环境和生态问题事关人类的
生存大计。其中第四编中的文章多为作者早期发表的，侧重于
写作者的荒野体验和对自然的哲学沉思。这部分文章之所以放
到论文集的最后，是因为它们更像一些散文，而非学术性的论
文。他的理论不是来自简单的冥想，而是根据自己对自然生态
的亲身体验和结合现代科学知识进行深刻的反思，实现了从文
化向自然的转向，开辟了环境伦理学的基础。

　　同时，在书中他强调把人类的物质欲望、经济的增长、对
自然的改造和扰乱限制在能为生态系统所承受、吸收、降解和
恢复的范围内，补充了"完整"和"动态平衡"两个原则，为
当代生态建设提供了理论依据。

三、环保日历

1971 年 2 月 2 日，在伊朗的拉姆萨尔签署了一个全球性政府间的湿地保护公约《关于特别是作为水禽栖息地的国际重要湿地公约》（简称《湿地公约》），它是当时针对一种特定生态系统的自然保护全球性公约。

1996 年 10 月国际湿地公约常委会决定将每年 2 月 2 日定为"世界湿地日"。利用这一天，政府机构、组织和公民可以采取大大小小的行动来提高公众对湿地价值和效益的认识，特别是对湿地公约的认识。

"植树节"是一些国家为激发人们爱林、造林的感情，促进国土绿化，保护人类赖以生存的生态环境，通过立法确定的节日。

近代最早设立植树节的是美国的内布拉斯加州。1872 年 4 月 10 日，莫顿在内布拉斯加州园林协会举行的一次会议上，提出了设立植树节的建议。该州采纳了莫顿的建议，把 4 月 10 日定为该州的植树节。1932 年发行世界上首枚植树节邮票，画面为两个儿童在植树。

1979 年 2 月，五届人大常委会第六次会议决定，将每年的 3 月 12 日定为中国的植树节。

1993 年 1 月 18 日，第 47 届联合国大会决议，确定每年的 3 月 22 日为"世界水日"。

1988 年《中华人民共和国水法》颁布后，水利部即确定每年的 7 月 1 日至 7 日为"中国水周"，考虑到"世界水日"与"中国水周"的主旨和内容基本相同，故从 1994 年开始，把"中国水周"的时间改为每年的 3 月 22 日至 28 日，时间的重合，使宣传活动更加突出"世界水日"的主题。

1970 年 4 月 22 日，由美国哈佛大学学生丹尼斯·海斯发起并组织的环境保护活动，犹如星火燎原。全美国共有 2 000 多万人参加，约 1 万所中小学，2 000 所高等院校和全国的各大团体参加了这次活动，这一天就成了第一个地球日。

1972 年全国人类环境会议在斯德哥尔摩召开。1973 年联合国环境规划署成立，此后保护环境的政府机构和组织在世界范围内不断增加，地球日都起到了重要的作用。

2009 年第 63 届联合国大会决议将每年的 4 月 22 日定为"世界地球日"。因此，地球日也成了全球性的活动，我国从 1990 年开始，每年都举办纪念"世界地球日"宣传活动。

生物多样性是指地球上的生物在所有形式、层次中生命的多样化，包括生态系统多样性、物种多样性和基因的多样性，是地球上生命经过几十亿年发展进化的结果，同时也是人类赖以生存的物质基础。

为了促进世界各国保护生物多样性，联合国环境规划署发起各国签署了《生物多样性公约》。由于《生物多样性公约》于1993年12月29日正式生效，1994年12月，联合国大会通过决议，将每年的12月29日定为"国际生物多样性日"，以提高人们对保护生物多样性重要性的认识。2001年将每年12月29日改为5月22日。

1987年世界卫生组织把5月31日定为"世界无烟日"，以提醒人们重视香烟对人类健康的危害。

1972年6月5—16日，联合国在斯德哥尔摩召开人类环境会议，来自113个国家的政府代表和民间人士就世界当代环境问题以及保护全球环境战略等问题进行了研讨，制定了《联合国人类环境会议宣言》和109条建议的保护全球环境的"行动计划"，

提出了 7 个共同观点和 26 项共同原则，以鼓舞和指导世界各国人民保持和改善人类环境，并建议将此次大会的开幕日定为"世界环境日"。

1972 年 10 月，第 27 届联合国大会通过决议，将 6 月 5 日定为"世界环境日"。联合国根据当年的世界主要环境问题及环境热点，有针对性地制定每年的"世界环境日"的主题。联合国系统和各国政府每年都在这一天开展各种活动，宣传保护和改善人类环境的重要性，联合国环境规划署同时发表《环境现状的年度报告书》，召开表彰"全球 500 佳"国际会议。

6 月 11 日为"中国人口日"。在中国，人口从新中国成立初期的 5 亿人增加到 1964 年的 7 亿人，每增加 1 亿人平均用 7 年半时间；1964 年到 1974 年，是中国人口高速增长阶段，由 7 亿人增加到 9 亿人，每增加 1 亿人仅用 5 年时间；改革开放 20 年来，随着计划生育政策的实行，每增加 1 亿人口所需时间又延长到 7 年多。1981 年中国人口达到 10 亿人，1988 年超过 11 亿人，1995 年突破 12 亿人，1998 年底为 12.48 亿人，占世界人口的 21%，2005 年突破 13 亿人。现在我国人口达 13.5 亿人。

由于人口基数大，人均资源相对不足，在未来相当长时间里仍须坚持"控制人口增长、提高人口素质"的基本国策。

6月17日

世界防治荒漠化和干旱日

由于荒漠化造成的严重后果及扩展的趋势，引起了国际社会极大的关注，在 1992 年联合国环境与发展大会上，防治荒漠化被列为国际社会优先采取行动的领域，大会成立了"《联合国关于在发生严重干旱和荒漠化的国家特别是在非洲防治荒漠化的公约》谈判委员会"。1994 年 6 月 17 日，《公约》的正式文本完成，包括中国在内的 100 多个国家在《公约》上签字。1994 年 12 月 19 日，联合国第四十九届大会又通过决议，宣布从 1995 年起，每年的 6 月 17 日为"世界防治荒漠化和干旱日"。

7月11日

世界人口日

世界人口增长速度不断加快。1800 年为 10 亿人，1930 年为 20 亿人，1960 年为 30 亿人，1974 年为 40 亿人，1987 年为 50 亿人。1999 年达 60 亿人，2011 年 10 月 31 日，世界人口已达到 70 亿人。

1987 年 7 月 11 日，地球人口达到 50 亿人。为纪念这个特殊的日子，1990 年联合国根据其开发计划署理事会第 36 届会议的建议，决定将每年的 7 月 11 日定为"世界人口日"，以唤起人们对人口问题的关注。

1987 年 9 月 16 日，46 个国家在加拿大蒙特利尔签署了《关于消耗臭氧层物质的蒙特利尔议定书》，开始采取保护臭氧层的具体行动。联合国设立这一纪念日旨在唤起人们保护臭氧层的意识，并采取协调一致的行动以保护地球环境和人类的健康。

意大利传教士圣·弗朗西斯曾在 100 多年前倡导在 10 月 4 日 "向献爱心给人类的动物们致谢"。为了纪念他，人们把 10 月 4 日定为 "世界动物日"。

爱护动物已成为目前世界大环保工作之一。中国从 1997 年开始纪念 "世界动物日"。

全世界的粮食正随着人口的飞速增长而变得越来越供不应求。从 1981 年起，每年的 10 月 16 日被定为 "世界粮食日"。

不少人的饭量随着口袋里的钱不断增加而减少。鸡、鸭、鱼、海鲜、蔬菜、水果等的极度丰富，使得人们对于粮食的感情不断地淡化。也许，没有几个人知道——10 月 16 日是 "世界粮食日"，也许许多人根本就不关心 "米袋子" 会给他们带来什么影响。但是，在全世界的粮食正随着人口的飞速增长而变得越来越供不应求的时候，我们不得不重复粮食这一话题。

中国 全国节能宣传周、全国低碳日

全国节能宣传周活动是在 1990 年国务院第六次节能办公会议上确定的。从 1991 年开始，全国节能宣传周活动每年举办。鉴于全国性的缺电状况，2004 年全国节能宣传周活动由原来的 11 月改为 6 月举行，目的是在夏季用电高峰到来之前，形成强大的宣传声势，唤起人们的节能意识。每届全国节能宣传周都会有其特有的宣传主题与宣传口号，并且结合该主题在全国各地开展各项不同的活动，旨在不断地增强全国人民的"资源意识""节能意识"和"环境意识"。

2012 年 9 月 19 日召开的国务院常务会议决定自 2013 年起，将每年 6 月全国节能宣传周的第三天设立为"全国低碳日"，旨在普及气候变化知识，宣传低碳发展理念和政策，鼓励公众参与，推动落实控制温室气体排放任务。

中国 全国食品安全宣传周

全国食品安全宣传周是国务院食品安全委员会办公室于 2011 年确定在每年 6 月举办的，通过搭建多种交流平台，以多种形式、多个角度、多条途径，面向贴近社会公众，有针对性地开展风险交流、普及科普知识活动，因活动期限为一周（因主题日的丰富而适当延长），故称"全国食品安全宣传周"。

四、绿色生活，保护环境

21 世纪，"绿色"作为生态文明的重要标志，受到全球人类的关注和推崇。在这样一种普遍的"绿色"氛围下，绿色经济、绿色消费、低碳旅游等在全球范围内掀起一股绿色生活风暴。

绿色生活是一种生活方式，其原则是节约资源、保护环境，以减少个人活动对环境的影响和资源的消耗，实现个人活动无污染、能耗最经济。这种生活方式体现在人们的日常生活的各个方面，如衣、食、住、行。

绿色消费

绿色消费就是我们在消费时选购有益于环境的产品，从而促使生产者也转向制造有益于环境的产品。绿色消费是从满足生态需要出发，以有益健康和保护生态环境为基本内涵，符合人的健康和环境保护标准的各种消费行为和消费方式的统称。绿色消费包括的内容非常宽泛，不仅包括绿色产品，还包括物资的回收利用、能源的有效使用、对生存环境和物种的保护等，可以说涵盖生产行为、消费行为的方方面面。

绿色消费有三层含义：一是倡导消费时选择未被污染或有助于公众健康的绿色产品；二是在消费过程中注重对垃圾的处置，不造成环境污染；三是消费者转变消费观念，崇尚自然、追求健康，在追求生活舒适的同时，注重环保，节约资源和能源，实现可持续消费。

要做到绿色消费，首先要弄清楚哪些是不消费的，主要是：① 不消费在生产、使用和丢弃时，造成大量资源消耗的商品；② 不消费超过商品本身价值或过短的生命周期而造成不必要消费的过度包装商品；③ 不消费、使用出自于稀有动物或自然资源的商品；④ 少买或不买不必要的商品，不买近期不食用的食品。

其次，消费时主要遵循：① 购买可循环使用的产品；② 购买环保节能产品；③ 少购买、不买一次性产品；④ 买二手的或者翻新的物品；⑤ 购买能源效率高的产品。

最后，就是合理使用产品，实行废弃包装、产品回收。

低碳旅游

低碳旅游顾名思义，即是一种降低"碳"的旅游，也就是在旅游活动中，旅游者尽量降低二氧化碳排放量。即以低能耗、低污染为基础的绿色旅行，倡导在旅行中尽量减少碳足迹与二氧化碳的排放，也是旅游的绿色表现。

低碳旅游，是一种绿色生活方式，主要包括：① 在进行旅游交通方式的选择中，应尽量选择低碳旅游交通方式和个人旅游碳足迹相对少的旅游线路；② 在选择旅游住宿餐饮服务时，尽量选择绿色、环保型的酒店；③ 在选择餐饮食物时应量力而行，避免剩余，并优先考虑各种绿色食品、生态食品，不使用一次性餐饮工具；④ 在选择旅游活动时，应优先选择低碳旅游活动；⑤ 保护旅游地的自然和文化环境，包括保护植物、野生动物和其他资源。

绿色习惯

绿色生活必然要求一些绿色习惯。

（1）爱护环境。不乱丢垃圾、不随地吐痰、保护草坪。

（2）节约用水、用电。使用节水、节电的环保产品；不使用时，随手关闭水龙头、电源开关或拔掉插头。

（3）废品资源回收。日常生活学习产生的废弃纸张、塑料、金属、玻璃、废旧电器等是可以回收利用的，这样可以减少砍伐树木、减少滥采矿山。这些废品资源生产的再生纸、塑料转化油、再生玻璃以及废旧电器分离出的金属，使大量原本成为垃圾的废物，重新获得新生，最主要的是保护环境。

（4）实行垃圾减量和分类。垃圾减量的实质是提高垃圾的资源化利用率，就是把垃圾分类，实现可再循环利用的垃圾再循环利用，使不可循环利用垃圾实现无害化处理。

（5）绿色出行。多乘坐公共汽车、地铁等公共交通工具，合作乘车，环保驾车，或者步行、骑自行车等，以降低自己出行中的能耗和污染。减少汽车使用，节约石油资源，减少汽车尾气排放对大气的污染。

（6）杜绝浪费。铅笔是用木材制造的，浪费了铅笔就等于毁灭了森林。在生活中，要节约水资源、纸，少用一次性用品。在学习中，要注意电脑的节能、打印纸的双面使用。

（7）保护野生动物；不购买野生动物制品，不食用野生动物。

环境维权

公民的环境权益主要包括知情权、参与权、表达权、监督权、请求权。当发现环境污染时，我们可以采取以下几种方式进行环境维权。

（1）拨打环境保护行政部门污染举报电话12369，或通过环境保护行政部门官方网站进行网上举报，要求其依法做出行政处罚决定。

若环保部门不作为，可以向人民法院提起行政诉讼，也可不经行政复议直接提起诉讼。

若对环保部门的处罚不服的，可以向其上一级行政机关申请复议，或向人民法院提起行政诉讼，也可不经行政复议直接提起诉讼。

（2）通过环境民事纠纷处理程序来解决问题。先进行环境行政调解处理，即由环保部门召集双方调解，若污染受害者认为调解不能维护自身权益时，可向法院提起民事诉讼。也可以直接向法院提起民事诉讼。

（3）通过向有资质的社会组织寻求法律援助。如中华环保联合会。中华环保联合会自成立以来就将为公众和社会提供环境法律权益的维护作为一面旗帜，恪守维护公众和社会环境权益的职责，通过公益诉讼、环境监督、法律援助等形式介入处理环境案件，维护公众环境权益和社会环境公共利益。环境污染投诉热线：010-51230023。

附 录

附录 1：中华人民共和国环境保护法

（1989 年 12 月 26 日第七届全国人民代表大会常务委员会第十一次会议通过；2014 年 4 月 24 日第十二届全国人民代表大会常务委员会第八次会议修订。）

第一章 总 则

第一条 为保护和改善环境，防治污染和其他公害，保障公众健康，推进生态文明建设，促进经济社会可持续发展，制定本法。

第二条 本法所称环境，是指影响人类生存和发展的各种天然的和经过人工改造的自然因素的总体，包括大气、水、海洋、土地、矿藏、森林、草原、湿地、野生生物、自然遗迹、人文遗迹、自然保护区、风景名胜区、城市和乡村等。

第三条 本法适用于中华人民共和国领域和中华人民共和国管辖的其他海域。

第四条 保护环境是国家的基本国策。

国家采取有利于节约和循环利用资源、保护和改善环境、促进人与自然和谐的经济、技术政策和措施，使经济社会发展与环境保护相协调。

第五条 环境保护坚持保护优先、预防为主、综合治理、公众参与、损害担责的原则。

第六条 一切单位和个人都有保护环境的义务。

地方各级人民政府应当对本行政区域的环境质量负责。

企业事业单位和其他生产经营者应当防止、减少环境污染和生态破坏，对所造成的损害依法承担责任。

公民应当增强环境保护意识，采取低碳、节俭的生活方式，自觉履行环境保护义务。

第七条 国家支持环境保护科学技术研究、开发和应用，鼓励环境保护产业发展，促进环境保护信息化建设，提高环境保护科学技术水平。

第八条　各级人民政府应当加大保护和改善环境、防治污染和其他公害的财政投入，提高财政资金的使用效益。

第九条　各级人民政府应当加强环境保护宣传和普及工作，鼓励基层群众性自治组织、社会组织、环境保护志愿者开展环境保护法律法规和环境保护知识的宣传，营造保护环境的良好风气。

教育行政部门、学校应当将环境保护知识纳入学校教育内容，培养学生的环境保护意识。

新闻媒体应当开展环境保护法律法规和环境保护知识的宣传，对环境违法行为进行舆论监督。

第十条　国务院环境保护主管部门，对全国环境保护工作实施统一监督管理；县级以上地方人民政府环境保护主管部门，对本行政区域环境保护工作实施统一监督管理。

县级以上人民政府有关部门和军队环境保护部门，依照有关法律的规定对资源保护和污染防治等环境保护工作实施监督管理。

第十一条　对保护和改善环境有显著成绩的单位和个人，由人民政府给予奖励。

第十二条　每年6月5日为环境日。

第二章 监督管理

第十三条 县级以上人民政府应当将环境保护工作纳入国民经济和社会发展规划。

国务院环境保护主管部门会同有关部门，根据国民经济和社会发展规划编制国家环境保护规划，报国务院批准并公布实施。

县级以上地方人民政府环境保护主管部门会同有关部门，根据国家环境保护规划的要求，编制本行政区域的环境保护规划，报同级人民政府批准并公布实施。

环境保护规划的内容应当包括生态保护和污染防治的目标、任务、保障措施等，并与主体功能区规划、土地利用总体规划和城乡规划等相衔接。

第十四条 国务院有关部门和省、自治区、直辖市人民政府组织制定经济、技术政策，应当充分考虑对环境的影响，听取有关方面和专家的意见。

第十五条 国务院环境保护主管部门制定国家环境质量标准。

省、自治区、直辖市人民政府对国家环境质量标准中未作规定的项目，可以制定地方环境质量标准；对国家环境质量标准中已作规定的项目，可以制定严于国家环境质量标准的地方环境质量标准。地方环境质量标准应当报国务院环境保护主管部门备案。

国家鼓励开展环境基准研究。

第十六条 国务院环境保护主管部门根据国家环境质量标准和国家经济、技术条件，制定国家污染物排放标准。

省、自治区、直辖市人民政府对国家污染物排放标准中未作规定的项目，可以制定地方污染物排放标准；对国家污染物排放标准中已作规定的项目，可以制定严于国家污染物排放标准的地方污染物排放标准。地方污染物排放标准应当报国务院环境保护主管部门备案。

第十七条 国家建立、健全环境监测制度。国务院环境保护主管部门制定监测规范，会同有关部门组织监测网络，统一规划国家环境质量监测站（点）的设置，建立监测数据共享机制，加强对环境监测的管理。

有关行业、专业等各类环境质量监测站（点）的设置应当符合法律法规规定和监测规范的要求。

监测机构应当使用符合国家标准的监测设备，遵守监测规范。监测机构及其负责人对监测数据的真实性和准确性负责。

第十八条 省级以上人民政府应当组织有关部门或者委托专业机构，对环境状况进行调查、评价，建立环境资源承载能力监测预警机制。

第十九条 编制有关开发利用规划，建设对环境有影响的项目，应当依法进行环境影响评价。

未依法进行环境影响评价的开发利用规划，不得组织实施；未依法进行环境影响评价的建设项目，不得开工建设。

第二十条 国家建立跨行政区域的重点区域、流域环境污染和生态破坏联合防治协调机制，实行统一规划、统一标准、统一监测、统一的防治措施。

前款规定以外的跨行政区域的环境污染和生态破坏的防治，由上级人民政府协调解决，或者由有关地方人民政府协商解决。

第二十一条 国家采取财政、税收、价格、政府采购等方面的政策和措施，鼓励和支持环境保护技术装备、资源综合利用和环境服务等环境保护产业的发展。

第二十二条 企业事业单位和其他生产经营者，在污染物排放符合法定要求的基础上，进一步减少污染物排放的，人民政府应当依法采取财政、税收、价格、政府采购等方面的政策和措施予以鼓励和支持。

第二十三条 企业事业单位和其他生产经营者，为改善环境，依照有关规定转产、搬迁、关闭的，人民政府应当予以支持。

第二十四条 县级以上人民政府环境保护主管部门及其委托的环境监察机构和其他负有环境保护监督管理职责的部门，有权对排放污染物的企业事业单位和其他生产经营者进行现场检查。被检查者应当如实反映情况，提供必要的资料。实施现场检查的部门、机构及其工作人员应当为被检查者保守商业秘密。

第二十五条 企业事业单位和其他生产经营者违反法律法规规定排放污染物，造成或者可能造成严重污染的，县级以上人民政府环境保护主管部门和其他负有环境保护监督管理职责的部门，可以查封、扣押造成污染物排放的设施、设备。

第二十六条 国家实行环境保护目标责任制和考核评价制度。县级以上人民政府应当将环境保护目标完成情况纳入对本级人民政府负有环境保护监督管理职责的部门及其负责人和下级人民政府及其负责人的考核内容，作为对其考核评价的重要依据。考核结果应当向社会公开。

第二十七条　县级以上人民政府应当每年向本级人民代表大会或者人民代表大会常务委员会报告环境状况和环境保护目标完成情况，对发生的重大环境事件应当及时向本级人民代表大会常务委员会报告，依法接受监督。

第三章　保护和改善环境

第二十八条　地方各级人民政府应当根据环境保护目标和治理任务，采取有效措施，改善环境质量。

未达到国家环境质量标准的重点区域、流域的有关地方人民政府，应当制定限期达标规划，并采取措施按期达标。

第二十九条　国家在重点生态功能区、生态环境敏感区和脆弱区等区域划定生态保护红线，实行严格保护。

各级人民政府对具有代表性的各种类型的自然生态系统区域，珍稀、濒危的野生动植物自然分布区域，重要的水源涵养区域，具有重大科学文化价值的地质构造、著名溶洞和化石分布区、冰川、火山、温泉等自然遗迹，以及人文遗迹、古树名木，应当采取措施予以保护，严禁破坏。

第三十条　开发利用自然资源，应当合理开发，保护生物多样性，保障生态安全，依法制定有关生态保护和恢复治理方案并予以实施。

引进外来物种以及研究、开发和利用生物技术，应当采取措施，防止对生物多样性的破坏。

第三十一条　国家建立、健全生态保护补偿制度。

国家加大对生态保护地区的财政转移支付力度。有关地方人民政府应当落实生态保护补偿资金，确保其用于生态保护补偿。

国家指导受益地区和生态保护地区人民政府通过协商或者按照市场规则进行生态保护补偿。

第三十二条　国家加强对大气、水、土壤等的保护，建立和完善相应的调查、监测、评估和修复制度。

第三十三条　各级人民政府应当加强对农业环境的保护，促进农业环境保护新技术的使用，加强对农业污染源的监测预警，统筹有关部门采取措施，防治土壤污染和土地沙化、盐渍化、贫瘠化、石漠化、地面沉降以及防治植被破坏、水土流失、水体富营养化、水源枯竭、种源灭绝等生态失调现象，推广植物病虫害的综合防治。

县级、乡级人民政府应当提高农村环境保护公共服务水平，推动农村环境综合整治。

第三十四条　国务院和沿海地方各级人民政府应当加强对海洋环境的保护。向海洋排放污染物、倾倒废弃物，进行海岸工程和海洋工程建设，应当符合法律法规规定和有关标准，防止和减少对海洋环境的污染损害。

第三十五条　城乡建设应当结合当地自然环境的特点，保护植被、水域和自然景观，加强城市园林、绿地和风景名胜区的建设与管理。

第三十六条　国家鼓励和引导公民、法人和其他组织使用有利于保护环境的产品和再生产品，减少废弃物的产生。

　　国家机关和使用财政资金的其他组织应当优先采购和使用节能、节水、节材等有利于保护环境的产品、设备和设施。

　　第三十七条　地方各级人民政府应当采取措施，组织对生活废弃物的分类处置、回收利用。

　　第三十八条　公民应当遵守环境保护法律法规，配合实施环境保护措施，按照规定对生活废弃物进行分类放置，减少日常生活对环境造成的损害。

　　第三十九条　国家建立、健全环境与健康监测、调查和风险评估制度;鼓励和组织开展环境质量对公众健康影响的研究，采取措施预防和控制与环境污染有关的疾病。

第四章　防治污染和其他公害

　　第四十条　国家促进清洁生产和资源循环利用。

　　国务院有关部门和地方各级人民政府应当采取措施，推广清洁能源的生产和使用。

　　企业应当优先使用清洁能源，采用资源利用率高、污染物排放量少的工艺、设备以及废弃物综合利用技术和污染物无害化处理技术，减少污染物的产生。

　　第四十一条　建设项目中防治污染的设施，应当与主体工程同时设计、同时施工、同时投产使用。防治污染的设施应当符合经批准的环境影响评价文件的要求，不得擅自拆除或者闲置。

第四十二条　排放污染物的企业事业单位和其他生产经营者，应当采取措施，防治在生产建设或者其他活动中产生的废气、废水、废渣、医疗废物、粉尘、恶臭气体、放射性物质以及噪声、振动、光辐射、电磁辐射等对环境的污染和危害。

排放污染物的企业事业单位，应当建立环境保护责任制度，明确单位负责人和相关人员的责任。

重点排污单位应当按照国家有关规定和监测规范安装使用监测设备，保证监测设备正常运行，保存原始监测记录。

严禁通过暗管、渗井、渗坑、灌注或者篡改、伪造监测数据，或者不正常运行防治污染设施等逃避监管的方式违法排放污染物。

第四十三条　排放污染物的企业事业单位和其他生产经营者，应当按照国家有关规定缴纳排污费。排污费应当全部专项用于环境污染防治，任何单位和个人不得截留、挤占或者挪作他用。

依照法律规定征收环境保护税的，不再征收排污费。

第四十四条　国家实行重点污染物排放总量控制制度。重点污染物排放总量控制指标由国务院下达，省、自治区、直辖市人民政府分解落实。企业事业单位在执行国家和地方污染物排放标准的同时，应当遵守分解落实到本单位的重点污染物排放总量控制指标。

对超过国家重点污染物排放总量控制指标或者未完成国家确定的环境质量目标的地区，省级以上人民政府环境保护主管部门应当暂停审批其新增重点污染物排放总量的建设项目环境影响评价文件。

第四十五条 国家依照法律规定实行排污许可管理制度。

实行排污许可管理的企业事业单位和其他生产经营者应当按照排污许可证的要求排放污染物；未取得排污许可证的，不得排放污染物。

第四十六条 国家对严重污染环境的工艺、设备和产品实行淘汰制度。任何单位和个人不得生产、销售或者转移、使用严重污染环境的工艺、设备和产品。

禁止引进不符合我国环境保护规定的技术、设备、材料和产品。

第四十七条 各级人民政府及其有关部门和企业事业单位，应当依照《中华人民共和国突发事件应对法》的规定，做好突发环境事件的风险控制、应急准备、应急处置和事后恢复等工作。

县级以上人民政府应当建立环境污染公共监测预警机制，组织制定预警方案；环境受到污染，可能影响公众健康和环境安全时，依法及时公布预警信息，启动应急措施。

企业事业单位应当按照国家有关规定制定突发环境事件应急预案，报环境保护主管部门和有关部门备案。在发生或者可能发生突发环境事件时，企业事业单位应当立即采取措施处理，及时通报可能受到危害的单位和居民，并向环境保护主管部门和有关部门报告。

突发环境事件应急处置工作结束后，有关人民政府应当立即组织评估事件造成的环境影响和损失，并及时将评估结果向社会公布。

第四十八条 生产、储存、运输、销售、使用、处置化学物品和含有放射性物质的物品，应当遵守国家有关规定，防止污染环境。

第四十九条 各级人民政府及其农业等有关部门和机构应当指导农业生产经营者科学种植和养殖，科学合理施用农药、化肥等农业投入品，科学处置农用薄膜、农作物秸秆等农业废弃物，防止农业面源污染。

禁止将不符合农用标准和环境保护标准的固体废物、废水施入农田。施用农药、化肥等农业投入品及进行灌溉，应当采取措施，防止重金属和其他有毒有害物质污染环境。

畜禽养殖场、养殖小区、定点屠宰企业等的选址、建设和管理应当符合有关法律法规规定。从事畜禽养殖和屠宰的单位和个人应当采取措施，对畜禽粪便、尸体和污水等废弃物进行科学处置，防止污染环境。

县级人民政府负责组织农村生活废弃物的处置工作。

第五十条 各级人民政府应当在财政预算中安排资金，支持农村饮用水水源地保护、生活污水和其他废弃物处理、畜禽养殖和屠宰污染防治、土壤污染防治和农村工矿污染治理等环境保护工作。

第五十一条 各级人民政府应当统筹城乡建设污水处理设施及配套管网，固体废物的收集、运输和处置等环境卫生设施，危险废物集中处置设施、场所以及其他环境保护公共设施，并保障其正常运行。

第五十二条 国家鼓励投保环境污染责任保险。

第五章　信息公开和公众参与

第五十三条　公民、法人和其他组织依法享有获取环境信息、参与和监督环境保护的权利。

各级人民政府环境保护主管部门和其他负有环境保护监督管理职责的部门，应当依法公开环境信息、完善公众参与程序，为公民、法人和其他组织参与和监督环境保护提供便利。

第五十四条　国务院环境保护主管部门统一发布国家环境质量、重点污染源监测信息及其他重大环境信息。省级以上人民政府环境保护主管部门定期发布环境状况公报。

县级以上人民政府环境保护主管部门和其他负有环境保护监督管理职责的部门，应当依法公开环境质量、环境监测、突发环境事件以及环境行政许可、行政处罚、排污费的征收和使用情况等信息。

县级以上地方人民政府环境保护主管部门和其他负有环境保护监督管理职责的部门，应当将企业事业单位和其他生产经营者的环境违法信息记入社会诚信档案，及时向社会公布违法者名单。

第五十五条　重点排污单位应当如实向社会公开其主要污染物的名称、排放方式、排放浓度和总量、超标排放情况，以及防治污染设施的建设和运行情况，接受社会监督。

第五十六条　对依法应当编制环境影响报告书的建设项目，建设单位应当在编制时向可能受影响的公众说明情况，充分征求意见。

负责审批建设项目环境影响评价文件的部门在收到建设项

目环境影响报告书后，除涉及国家秘密和商业秘密的事项外，应当全文公开；发现建设项目未充分征求公众意见的，应当责成建设单位征求公众意见。

第五十七条　公民、法人和其他组织发现任何单位和个人有污染环境和破坏生态行为的，有权向环境保护主管部门或者其他负有环境保护监督管理职责的部门举报。

公民、法人和其他组织发现地方各级人民政府、县级以上人民政府环境保护主管部门和其他负有环境保护监督管理职责的部门不依法履行职责的，有权向其上级机关或者监察机关举报。

接受举报的机关应当对举报人的相关信息予以保密，保护举报人的合法权益。

第五十八条　对污染环境、破坏生态，损害社会公共利益的行为，符合下列条件的社会组织可以向人民法院提起诉讼：

（一）依法在设区的市级以上人民政府民政部门登记；

（二）专门从事环境保护公益活动连续五年以上且无违法记录。

符合前款规定的社会组织向人民法院提起诉讼，人民法院应当依法受理。

提起诉讼的社会组织不得通过诉讼牟取经济利益。

第六章　法律责任

第五十九条　企业事业单位和其他生产经营者违法排放污染物，受到罚款处罚，被责令改正，拒不改正的，依法作出处罚决定的行政机关可以自责令改正之日的次日起，按照原处罚数额按日连续处罚。

前款规定的罚款处罚，依照有关法律法规按照防治污染设施的运行成本、违法行为造成的直接损失或者违法所得等因素确定的规定执行。

地方性法规可以根据环境保护的实际需要，增加第一款规定的按日连续处罚的违法行为的种类。

第六十条 企业事业单位和其他生产经营者超过污染物排放标准或者超过重点污染物排放总量控制指标排放污染物的，县级以上人民政府环境保护主管部门可以责令其采取限制生产、停产整治等措施；情节严重的，报经有批准权的人民政府批准，责令停业、关闭。

第六十一条 建设单位未依法提交建设项目环境影响评价文件或者环境影响评价文件未经批准，擅自开工建设的，由负有环境保护监督管理职责的部门责令停止建设，处以罚款，并可以责令恢复原状。

第六十二条 违反本法规定，重点排污单位不公开或者不如实公开环境信息的，由县级以上地方人民政府环境保护主管部门责令公开，处以罚款，并予以公告。

第六十三条 企业事业单位和其他生产经营者有下列行为之一，尚不构成犯罪的，除依照有关法律法规规定予以处罚外，由县级以上人民政府环境保护主管部门或者其他有关部门将案件移送公安机关，对其直接负责的主管人员和其他直接责任人员，处十日以上十五日以下拘留；情节较轻的，处五日以上十日以下拘留：

（一）建设项目未依法进行环境影响评价，被责令停止建设，拒不执行的；

（二）违反法律规定，未取得排污许可证排放污染物，被责令停止排污，拒不执行的；

（三）通过暗管、渗井、渗坑、灌注或者篡改、伪造监测数据，或者不正常运行防治污染设施等逃避监管的方式违法排放污染物的；

（四）生产、使用国家明令禁止生产、使用的农药，被责令改正，拒不改正的。

第六十四条　因污染环境和破坏生态造成损害的，应当依照《中华人民共和国侵权责任法》的有关规定承担侵权责任。

第六十五条　环境影响评价机构、环境监测机构以及从事环境监测设备和防治污染设施维护、运营的机构，在有关环境服务活动中弄虚作假，对造成的环境污染和生态破坏负有责任的，除依照有关法律法规规定予以处罚外，还应当与造成环境污染和生态破坏的其他责任者承担连带责任。

第六十六条　提起环境损害赔偿诉讼的时效期间为三年，从当事人知道或者应当知道其受到损害时起计算。

第六十七条　上级人民政府及其环境保护主管部门应当加强对下级人民政府及其有关部门环境保护工作的监督。发现有关工作人员有违法行为，依法应当给予处分的，应当向其任免机关或者监察机关提出处分建议。

依法应当给予行政处罚，而有关环境保护主管部门不给予行政处罚的，上级人民政府环境保护主管部门可以直接作出行政处罚的决定。

第六十八条　地方各级人民政府、县级以上人民政府环境保护主管部门和其他负有环境保护监督管理职责的部门有下列行为之一的，对直接负责的主管人员和其他直接责任人员给予记过、记大过或者降级处分；造成严重后果的，给予撤职或者开除处分，其主要负责人应当引咎辞职：

（一）不符合行政许可条件准予行政许可的；

（二）对环境违法行为进行包庇的；

（三）依法应当作出责令停业、关闭的决定而未作出的；

（四）对超标排放污染物、采用逃避监管的方式排放污染物、造成环境事故以及不落实生态保护措施造成生态破坏等行为，发现或者接到举报未及时查处的；

（五）违反本法规定，查封、扣押企业事业单位和其他生产经营者的设施、设备的；

（六）篡改、伪造或者指使篡改、伪造监测数据的；

（七）应当依法公开环境信息而未公开的；

（八）将征收的排污费截留、挤占或者挪作他用的；

（九）法律法规规定的其他违法行为。

第六十九条　违反本法规定，构成犯罪的，依法追究刑事责任。

第七章　附　则

第七十条　本法自 2015 年 1 月 1 日起施行。

附录 2：关于发布
《"同呼吸、共奋斗"公民行为准则》的公告

公告 2014 年第 53 号

根据国务院印发的《大气污染防治行动计划》，为树立全社会"同呼吸、共奋斗"的行为准则，动员全民参与环境保护和监督大气污染防治，自觉做到"同呼吸、共奋斗"，携手共建天蓝、地绿、水净的美丽家园，我部编制了《"同呼吸、共奋斗"公民行为准则》和《"同呼吸、共奋斗"公民行为准则释义》，现予发布。

特此公告。

环境保护部

2014 年 8 月 11 日

第一部分
"同呼吸、共奋斗"公民行为准则

第一条　关注空气质量。遵守大气污染防治法律法规，参与和监督大气环境保护工作，了解政府发布的环境空气质量信息。

第二条　做好健康防护。重污染天气情况下，响应各级人民政府启动的应急预案，采取健康防护措施。

第三　减少烟尘排放。不随意焚烧垃圾秸秆，不燃用散煤，少放烟花爆竹，抵制露天烧烤。

第四条　坚持低碳出行。公交优先，尽量合作乘车、步行或骑自行车，不驾驶、乘坐尾气排放不达标车辆。

第五条　选择绿色消费。优先购买绿色产品，不使用污染重、能耗大、过度包装产品。厉行节约，节俭消费，循环利用物品，参与垃圾分类。

第六条　养成节电习惯。适度使用空调，控制冬季室温，夏季室温不低于 26 度；及时关闭电器电源，减少待机耗电。

第七条　举报污染行为。发现污染大气及破坏生态环境的行为，拨打 12369 热线电话进行举报。

第八条　共建美丽中国。学习环保知识，提高环境意识，参加绿色公益活动，共建天蓝、地绿、水净的美好家园。

第二部分
"同呼吸、共奋斗"公民行为准则释义

第一条 关注空气质量。遵守大气污染防治法律法规，参与和监督大气环境保护工作，了解政府发布的环境空气质量信息。

我国现有 161 个城市按照空气质量新标准监测并实时发布细颗粒物（$PM_{2.5}$）等 6 项污染物浓度和空气质量指数等日报和预报信息。公众可通过电视、广播、报纸、网络、手机等查询，及早获取空气质量信息，以便做好出行安排和健康防护措施。

第二条 做好健康防护。重污染天气情况下，响应各级人民政府启动的应急预案，采取健康防护措施。

环境保护部于 2013 年发布了《城市大气重污染应急预案编制指南》，一些重点城市据此制定了《空气重污染应急预案》，将按相应污染级别采取应急措施，如机动车限行等，需要公众及时知晓并配合行动。重污染天气出现时，公众应及时采取健康防护措施，易感人群停止户外活动。

第三条 减少烟尘排放。不随意焚烧垃圾秸秆，不燃用散煤，少放烟花爆竹，抵制露天烧烤。

《大气污染防治法》规定，任何单位和个人都有保护大气环境的义务。露天焚烧沥青、油毡、橡胶、皮革、垃圾、落叶、杂草、秸秆等废物都会产生有毒有害烟尘。散煤的硫分和灰分比较高，不易充分燃烧，污染物排放量较大；大量燃放烟花爆竹、露天烧烤食品产生的烟尘也会加剧大气污染。

第四条　坚持低碳出行。公交优先，尽量合作乘车、步行或骑自行车，不驾驶、乘坐尾气排放不达标车辆。

公共汽车、地铁、火车等公共交通工具载客量大，人均每公里排放的大气污染物少。国家鼓励乘坐公共交通工具、合作乘车、环保驾车，或者步行、骑自行车等绿色出行方式，既有益于健康、节约能源，又减少出行中产生的机动车污染物排放。《大气污染防治法》规定，在用机动车不符合制造当时的在用机动车污染物排放标准的，不得上路行驶。

第五条　选择绿色消费。优先购买绿色产品，不使用污染重、能耗大、过度包装产品。厉行节约，节俭消费，循环利用物品，参与垃圾分类。

国家鼓励和引导公民、法人和其他组织使用有利于保护环境的产品和再生产品，减少废弃物的产生。公民应当遵守环境保护法律法规，配合实施环境保护措施，按照规定对生活废弃物进行分类放置，减少日常生活对环境造成的危害。选购绿色产品，循环利用物品，有助于减少产品生产、流通、消费及处理处置环节的污染和能耗，也有助于减少处理生活垃圾所需的运输、填埋或焚烧需求，从而降低这些过程的大气污染物排放。

第六条　养成节电习惯。适度使用空调，控制冬季室温，夏季室温不低于 26 度；及时关闭电器电源，减少待机耗电。

我国是产煤大国，也是耗煤大国。发电、供暖均以燃煤为主，适度使用空调、关闭不用的电器电源等节约用电习惯，意味着减少燃煤，可以间接减少大气污染物排放。《节约能源法》规定，任何单位和个人都应当依法履行节能义务，有权检举浪费能源的行为。

第七条　举报污染行为。发现污染大气及破坏生态环境的行为，拨打 12369 热线电话进行举报。

《大气污染防治法》规定，任何单位和个人都有保护大气环境的义务，并有权对污染大气环境的单位和个人进行检举和控告。12369环保热线为全国统一的环保举报热线电话。根据《环保举报热线工作管理办法》，公民、法人或者其他组织发现环境污染或者生态破坏事项时，可以拨打 12369，向各级环境保护主管部门举报和请求环境保护主管部门依法处理。

第八条　共建美丽中国。学习环保知识，提高环境意识，参加绿色公益活动，共建天蓝、地绿、水净的美好家园。

雾霾的形成是长期积累的结果，必须付出长期艰苦的努力。只要全社会每一个人都自觉行动起来，从自己做起、从点滴做起，从身边的小事做起，在全社会树立起"同呼吸、共奋斗"的行为准则，汇聚起千百万人的行动，就能切实改善空气质量。

环境保护部办公厅

2014 年 8 月 11 日

生态文明的中国梦

　　生态文明是人类文明发展的一个新的阶段，是工业文明之后的又一种文明形态；生态文明遵循人、自然、社会和谐发展，是人类在遵循这一客观规律而取得的物质与精神成果的总和；是以人与自然、人与人、人与社会和谐共生、良性循环、全面发展、持续繁荣为基本宗旨的社会形态；是人类为保护和建设美好生态环境而取得的物质成果、精神成果和制度成果的总和，是贯穿于经济建设、政治建设、文化建设、社会建设全过程和各方面的系统工程，反映了一个社会的文明进步状态。

　　在漫长的人类历史长河中，人类文明经历了三个阶段。第一阶段是原始文明，约在石器时代，人们必须依赖集体的力量才能生存，物质生产活动主要靠简单的采集渔猎。第二阶段是农业文明，铁器的出现使人改变自然的能力产生了质的飞跃，工具提高了人类农业生产能力。第三阶段是工业文明。工业革命开启了人类现代化生活，机器大生产、信息化不断推动生产技术的发展。这些文明都是向自然、资源环境索取的一个过程，而生态文明则是要以人与自然、资源环境和谐共生为基本原则，是以尊重和维护生态环境为主旨，以可持续发展为根据，以未来人类的继续发展为着眼点，所以它是一种更高级的文明形态。

建设生态文明，是关系人民福祉、关乎民族未来的长远大计。面对资源约束趋紧、环境污染严重、生态系统退化的严峻形势，我们必须树立尊重自然、顺应自然、保护自然的生态文明理念，把生态文明建设放在突出地位，融入经济建设、政治建设、文化建设、社会建设各方面和全过程，努力建设美丽中国，实现中华民族永续发展。

党中央、国务院站在人类历史发展和中华民族持续发展的高度，坚持节约资源和保护环境的基本国策，坚持节约优先、保护优先、自然恢复为主的方针，着力推进绿色发展、循环发展、低碳发展，形成节约资源和保护环境的空间格局、产业结构、生产方式、生活方式，从源头上扭转生态环境恶化趋势，为我们子孙后代谋划创造良好的生产生活环境。

习近平总书记在谈到环境保护时强调："建设生态文明是关系人民福祉、关系民族未来的大计。中国要实现工业化、城镇化、信息化、农业现代化，必须要走出一条新的发展道路。中国明确把生态环境保护摆在更加突出的位置。我们既要绿水青山，也要金山银山。宁要绿水青山，不要金山银山，而且绿水青山就是金山银山。我们绝不能以牺牲生态环境为代价换取经济的一时发展。我们提出了建设生态文明、建设美丽中国的战略任务，给子孙留下天蓝、地绿、水净的美好家园。"

我们必须看到，我国环境污染和生态破坏加剧的趋势有所改善，重点流域、区域的污染治理取得初步成效，部分城市和地区的环境质量有所改善。但我国环境形势仍十分严峻，也十分复杂。我国工业化、城镇化快速发展，经济总量仍将保持高速增长，能源资源消耗还要增加，环境容量有限的基本国情不会改变，治污减排指标在增加、潜力在减小，在消化增量的同时，持续削减存量，任务十分艰巨。常规环境污染因子恶化势头有所遏制，重金属、持久性有机污染物、土壤污染、危险废物和化学品污染问题日益凸显，人民群众对享有良好环境的新期待有增无减，水、空气和土壤环境质量全面改善的任务非常艰巨。环境违法行为时有发生，突发环境事件呈高发势头，自然灾害引发的次生环境问题不容忽视，核安全、辐射安全和辐射环境安全压力不断加大，保障环境安全的不确定因素增多。气候变化和生物多样性等全球性环境问题，已经成为各国利益博弈的焦点。我国二氧化碳、二氧化硫等排放量居世界前列，将承受更多国际压力。

国务院总理李克强 2014 年 3 月 5 日在第十二届全国人民代表大会第二次会议上做《政府工作报告》时强调，"我们要像对贫困宣战一样，坚决向污染宣战。"作为世界上最大的发展中国家，在经济快速发展的同时，也面临着前所未有的资源环境问题挑战。即使这样，我国政府下决心用硬措施加强生态环境保护，出重拳强化污染防治的坚定信念不变。因此，我们既要看到诸多有利条件，坚定发展的信心，更要充分估计形势的复杂性和严峻性，切实增强危机意识和忧患意识，把困难和问题估计得充分一些，做好应对更大困难挑战的准备。

美丽中国是科学发展的中国。作为一个发展中国家，发展仍是我们的首要任务。推进生态文明建设和美丽中国建设，应当全面落实节约资源和保护环境的基本国策。在资源可持续、环境能承载的前提下，坚持节约优先、保护优先，在保护中发展，在发展中保护。推动经济、社会建设走上以人为本、全面协调可持续的科学发展轨道。

习近平总书记指出："实现中华民族的伟大复兴，就是中华民族近代最伟大的中国梦。"这个梦想，凝聚了几代中国人的夙愿，体现了中华民族和中国人民的整体利益，是每一个中华儿女的共同期盼。生态文明的中国梦，是中国可持续发展道路的必然选择。建设美丽中国，是中国人民的期待。青少年是时代的先锋，是国家、民族未来的接班人，是国家、民族、社会未来的中坚力量，是未来中国的希望，是国家建设、民族发展的有生力量。作为未来生态文明的实践者、推动者、捍卫者、建设者，青少年肩负着祖国富强、民族复兴的重大历史使命，要努力学习科学文化知识，用科学知识来武装自己，做好生态文明的宣传者、传递者，为实现中华民族复兴集聚力量。

谢必红

2014年9月29日

爱心寄语